癮型人的
調酒世界

The Recipe & History of

Classic Cocktail

Contents

目錄

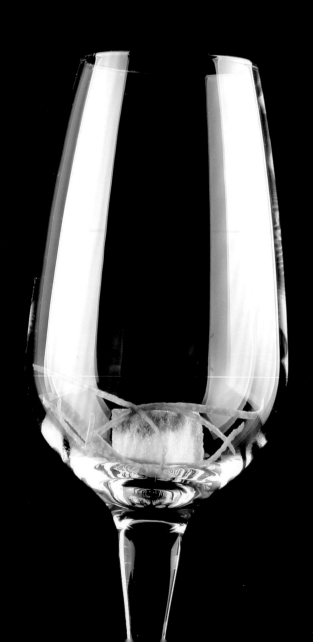

Classic Cocktail

精選雞尾酒

Introduction

作者序

　　調酒很像做化學實驗嗎？把所有的材料加一加、搖一搖，然後看（喝）結果。其實我開始接觸調酒，還真的是在大學的普化實驗課，如今從興趣變成工作，一切的一切，要從十五年前的那杯長島冰茶說起（盛竹如語氣）。

　　普化實驗課有一位同組的同學L，L不像其他人用大拇指與食指拿試管與量杯，而是以食指與中指夾住它們，倒材料的速度很快卻不會濺灑出液體，簡直就是21世紀的賣油翁！而且L做實驗有個特別的小動作：拿到容器會下意識的湊近鼻子聞一聞。

　　有一次我忍不住提起這件事，L笑說這是晚上兼職當Bartender的『職業病』，聞杯是在確認杯子沒有異味，聊著聊著，L建議我如果對調酒有興趣，可以從『長島冰茶』開始，因為它的材料包含四種基酒，還有果汁與碳酸汽水，加上能同時練習直調法與搖盪法的差異，對以後想嘗試其他調酒是杯不錯的選擇……聽起來很有道理但是現在回想起來好像休誇怪怪，一般人不是都先學螺絲起子或自由古巴嗎？

　　我拿著L的手稿到處買材料，在租屋處笨手笨腳的調製出我人生第一杯調酒（之前亂喝亂套的不算），飲用時，它多元且濃郁的味道讓我嚇了好大一跳跳……調酒原來可以這麼好喝！而且連我這種初學者好像也可以！

　　接下來幾年我持續上網搜尋調酒資訊，市面上買得到的中英文調酒書幾乎都入手了，一邊看一邊調一邊喝還一邊做筆記（如果沒喝掛的話）。2008年，**癮型人的調酒世界**這個部落格就在這個調酒實驗的紀錄中誕生了，一開始只是想幫自己的調酒人生留下回憶，寫著寫著承蒙讀者不甘嫌，由部落格延伸的賣場、社團、官網、粉絲頁陸續開張，我也在退伍後正式以雞尾酒推廣為業。

最早部落格是以分享調酒知識爲主，後來有感於中文的相關資訊不足，逐漸將重心轉爲翻譯與統整外文網站與原文書，慚愧的是，小弟雖然擅於查找資料，但寫作功力其實蠻爛ㄉ，受邀將部落格出版時還覺得很不好意思，那些難登大雅之堂、繁瑣如麻的垃圾話，怎麼可能成爲一本出版品呢？（遮臉）

於是我花了一年半的時間~~拖稿~~，把部落格的文字進行系統性整理，然後把以往偷懶未補齊的文章補上，捨棄一行文與大量配圖的寫作方式，希望塑造出專業、清新的風格，怎料寫到一半還是現出原形，無法忍住的垃圾話還是滿滿的漫～出～萊～ㄌ～

這本書與部落格的內容有什麼不同嗎？有，幾乎全部重寫了（而且比較有系統性~~我的觀察啦~~），預設讀者是完全沒有經驗的初學者也很適合，如果不想調酒、只是來聽聽雞尾酒的故事與垃圾話也行，那就從PART4與PART5開始看吧！

身爲一個也曾從無到有的調酒人，我很瞭解初學者在買工具、挑材料、看酒譜與實作調酒時會遇到哪些問題，藉由本書，希望能協助各位從最少的預算、最淺顯易懂的說明開始，一步一步開始調酒航道的旅程。

酒海無涯，我仍持續的學習中，本書未盡之處還請讀者不吝指教，調酒過程中如果遇到什麼問題，歡迎到部落格、FB粉絲頁留言或傳訊，或是直接到米絲阿樂局門市洽詢也行，當然啦……只是想喝個兩杯、講講垃圾話也行！

Preface

推薦序

我人生中的第一杯調酒是在巴黎喝的。

以一位有志從事餐飲的人，到二十五、六歲才開始知道雞尾酒這件事真可謂是相當遲緩。那時已經在巴黎待了兩年多，同學們看不慣我成天宅在家裡，硬是規定我必須按時跟他們到酒吧小聚；同學裡面有兩三個是美國人，到了酒吧不是喝啤酒就是Mojito，我初聽這帶著濃濃異國風情的名字，忍不住好奇拿過喝了一口，那冰爽清新又華麗無限的勁道讓我從此上了癮，以後每到酒吧都要點上一Mojito不可⋯⋯當然，我也很快就發現，縱使是這樣非常簡單的組合，會遇到「讓人喝一口就不想再喝了」的機率卻是如此之高。

直到現在，我已經不再鍾愛俏皮大刺刺的Mojito，更著迷於Negroni這類以琴酒為基底的安靜細緻，要找到滿意的酒吧自然越發難了。雞尾酒最迷人的地方，就是兼備了陽剛霸道的力道又同時宛轉陰柔，讓人一再探索玩味其中各種韻味的變化（又能輕易喝醉）。一位好的調酒師，對於滋味的敏感度是超乎常人的高。他必須掌握杯中每種材料香氣出現的溫度與時機、在口中停留的餘韻長短，才能讓一杯組成再單純不過的馬丁尼幻化出各種版本：有的是一道優雅而犀利洞察的眼神，有的如莊嚴行進的王者，有的可以帶來千軍萬馬的澎湃⋯⋯反之，一個平庸的調酒師，就會讓人喝到各種釀酒時的缺陷，飲入喉只見嗆辣或甜膩，酸澀或平淡，遑論香氣口感的層次。

這樣的道理，我還是在家裡試著學做調酒之後才明白，看似簡單的動作、簡單的材料，竟是以秒、以毫釐計算的勝負。自此之後我就不再試圖調酒，免得浪費。

　　直到日前收到這本厚厚的雞尾酒全書，為了這浩大工程（以及文字搞笑的功力）感動之餘，竟又動念想照章調兩杯酒來試飲—知識與文字的魔力莫過於此。當然，像 Ramos Gin Fizz 這種必定遭人白眼的雞尾酒，我一定會記得留給專業調酒師來讓我開眼界的，歡迎共襄盛舉！

亞洲最佳女主廚　陳嵐舒

1

Recipe

關於酒譜

什麼是酒譜（Recipe）？酒譜就是調製雞尾酒的食譜。一個完整的酒譜會列出需要的材料、使用的技法、裝盛的杯型與裝飾物，並依序列出調製步驟，其中材料與技法是最重要的資訊，第一個單元就讓我們從瞭解雞尾酒的組成元素，以及如何調製它們開始吧！

材料

INGREDIENTS

技法

TECHNIQUE

杯型

GLASSWARE

裝飾物

GARNISHES

INGREDIENTS

材料：雞尾酒的組成元素

　　一杯雞尾酒由**基酒**、**香甜酒**與**副材料**構成，不一定每杯酒都有香甜酒，也有些酒完全不使用副材料，但大部分的雞尾酒材料都包含這三個元素。

❶ 基酒──雞尾酒的主材料

　　基酒是一杯雞尾酒最主要的元素，在酒類材料中佔最大比例，因此會是整杯酒的骨幹。基酒通常是烈酒（酒精濃度40％上下），但也有些雞尾酒是以香甜酒或釀造酒為基酒，它就像食譜的主食材，第一個被列出的材料通常就是基酒。

　　雞尾酒的分類系統有很多種，其中最常見也是最多酒譜書採用的，就是以基酒來區分雞尾酒，所以當您在酒吧不知道要點什麼酒的時候，不妨挑一種喜歡的基酒對

調酒最常用的六大基酒，由左至右分別是伏特加、琴酒、蘭姆酒、龍舌蘭、威士忌與白蘭地。

Bartender說：「我想要喝以某某酒為基酒的調酒。」讓對方推薦您有興趣的經典雞尾酒，或是嘗試店內的特調，說不定會有意想不到的驚喜。

❷ 香甜酒──豐富雞尾酒的深度

本書指的香甜酒泛指基酒以外的酒類材料，除了香甜酒，也包括烈酒、啤酒、釀造酒、藥草酒等再製酒，與基酒搭配後能讓雞尾酒的香氣與口感更具層次，香甜酒不僅有調味的功能，更是展現雞尾酒風味不可或缺的一部分。

從最常用的香甜酒開始入手，接著再購買相對少用的品項，可調製的雞尾酒就能有效率的增加，本書介紹酒類材料時都會附上中英對照，作為挑選與購買的參考。

❸ 副材料──賦予雞尾酒無限可能

副材料指的是調酒用的軟性飲料，較常見的是碳酸飲料、茶、果汁與奶類，也包括無酒精性的其他材料，像是糖漿、蛋、鹽、胡椒、巧克力，一些特殊香料或藥材都有可能入酒調製，讓雞尾酒的變化有著無限可能。

調酒常用的數款香甜酒，由左至右分別是君度橙酒、肯巴利苦酒、瑪拉斯奇諾黑櫻桃酒與夏特勒茲酒。

調酒常用到的副材料。

TECHNIQUE

技法：調製雞尾酒的技術

　　大部分的雞尾酒都可以透過**直調**、**搖盪**、**攪拌**與**混合**這四個技法完成，不同技法需要搭配特定的工具，以下將分別說明。

❶ 直調法（Build）

　　直調法是最簡單的調酒技法，只要將冰塊放入杯中，再加入所需材料攪拌均勻即可。需要的工具是一個度量材料的量酒器，以及一支方便進行攪拌的吧匙。

量酒器（Jigger）
用於量取材料的工具，有些品項以
ml（毫升）、有些則是以oz（盎司）
為容量單位，1oz約為30ml。

吧匙（Bar Spoon）
用於攪拌材料的工具，匙面方便扣住
冰塊攪拌、匙身的螺紋設計讓吧匙能
在指縫間流暢旋轉，尾叉可用於固定
果雕。

❷ 搖盪法（Shake）

　　搖盪法用的工具是雪克杯，將材料與冰塊倒入後搖盪均勻，再透過中蓋的濾片將酒液倒出。使用搖盪法的調酒大多含有柑橘類水果的果汁（檸檬、柳橙等），因此還需要一個榨汁器。

雪克杯（Shaker）
三件式雪克杯分為上蓋、中蓋與底杯，上蓋用於量取材料、試酒，中蓋可濾掉冰塊，底杯則是裝盛需要搖盪的材料。

榨汁器（Juicer）
將對切的柑橘類水果放在榨汁器扭轉，可以取得新鮮現榨的果汁，用於調酒風味會比使用罐裝果汁好很多。

❸ 攪拌法（Stir）

攪拌法需要調酒杯與隔冰匙，將材料與冰塊放入後以吧匙攪拌均勻，再將隔冰匙蓋上調酒杯，濾掉冰塊將酒液倒出。

調酒杯（Mixing Glass）
調酒杯杯口寬、容量大，方便倒入材料，讓吧匙能流暢的攪拌。

隔冰匙（Strainer）
隔冰匙的爪可以覆蓋在調酒杯杯口，讓匙身不會陷入杯中，彈簧圈能夠適配不同口徑的調酒杯，確實將冰塊隔絕在杯內。

❹ 混合法（Blend）

混合法需要果汁機，將材料與冰塊放入後，打開開關將內容物打成冰沙的狀態後再倒出。

果汁機（Blender）
選擇高轉速、大容量且刀頭堅韌的果汁機，小型果汁機容易因為打冰塊減短使用壽命，也不容易打出均勻且細緻的成品。
調製霜凍雞尾酒需要轉速高、馬力強的果汁機／調理機，才能有效地將材料打勻。

GLASSWARE

杯型：裝盛雞尾酒的容器

　　杯具的命名通常以用它飲用的酒類命名，例如啤酒杯、葡萄酒杯等等，許多用於調酒的杯具也是以經典雞尾酒的名稱命名，以下是12種調酒較常用到的杯型。

❶ 高球杯（Highball Glass）

高球杯杯身為直筒狀，容量介於250～350ml之間，它的外型與可林杯相同但容量較小，是調製Highball調酒的指定杯型，也經常作為水杯使用。

❷ 酸味酒杯（Sour Glass）

酸味酒杯外型近似小一點的白酒杯，容量介於150～180ml之間，用於盛裝酸味調酒（Sour Cocktail），飲用時不加冰塊。

❸ 馬丁尼杯（Martini Glass）

馬丁尼杯以倒三角錐杯身、高腳造型
為特色，它是調酒最常用到的杯型，
有些人甚至會直接稱它為『雞尾酒
杯』，容量以120～250ml之間最為
常見。

❹ 瑪格麗特杯（Margarita Glass）

瑪格麗特杯杯身近似飛碟，杯口寬、
底部有凹槽，容量介於200～350ml
之間，經常用於霜凍類雞尾酒。

❺ 古典杯（Old Fashioned Glass）

古典杯因為形狀像岩石又被稱為Rock
杯，它的名字源自經典調酒－Old
Fashioned，台灣通常以威士忌杯稱
之，容量以200ml～300ml之間最
為常見。

❻ 颶風杯（Hurricane Glass）

颶風杯容量大、杯腳短、杯身曲線設
計，因外型近似颶風燈的燈罩而得
名，容量多在400ml以上，很常用
於熱帶雞尾酒或當作果汁杯使用。

❼ 白蘭地杯（Brandy Glass）

白蘭地杯杯身設計為球形，容量約
600ml（亦有較小的版本）、杯口縮
口可凝聚香氣，除了用於品飲白蘭
地，也可用於盛裝熱帶雞尾酒。

❽ 淺碟香檳杯
（Champagne Coupe）

淺碟香檳杯的設計雖然不適合品飲香
檳，但它相較於馬丁尼杯酒液更不易
濺灑、容量也夠大，很適合短飲型雞
尾酒使用。

❾ 笛型香檳杯
（Champagne Flute）

笛型香檳杯的杯身細長，用於欣賞香
檳酒氣泡的升起，窄口設計能聚集香
氣，還可以減緩氣泡散去的速度，是
現代品飲香檳的標準杯型，亦可用於
短飲型雞尾酒。

⑩ 烈酒杯（Shot Glass）

烈酒杯用於品飲烈酒，因為造型狀似
子彈而得名，是漸層調酒最常用的
杯型。Shot也是酒吧常用的計量單
位，1 Shot指的通常是30ml。

⑪ 可林杯（Collins Glass）

可林杯用於裝盛Collins調酒，它的
外型近似高球杯，但容量較大，通常
在350ml以上，亦可作為水杯使用。

⑫ TIKI杯

TIKI杯用於裝盛熱帶調酒，通常為陶
瓷製的圖騰杯型，外觀逗趣可愛充滿
異國風情。

2

Base

六大基酒

一杯調酒的主材料是基酒，最常用到的基酒一共有六種，分別是：**伏特加**、**琴酒**、**蘭姆酒**、**龍舌蘭**、**威士忌**與**白蘭地**，以下將分別介紹六大基酒的原料、產地、特色與分類，以及給初學者購買的建議。

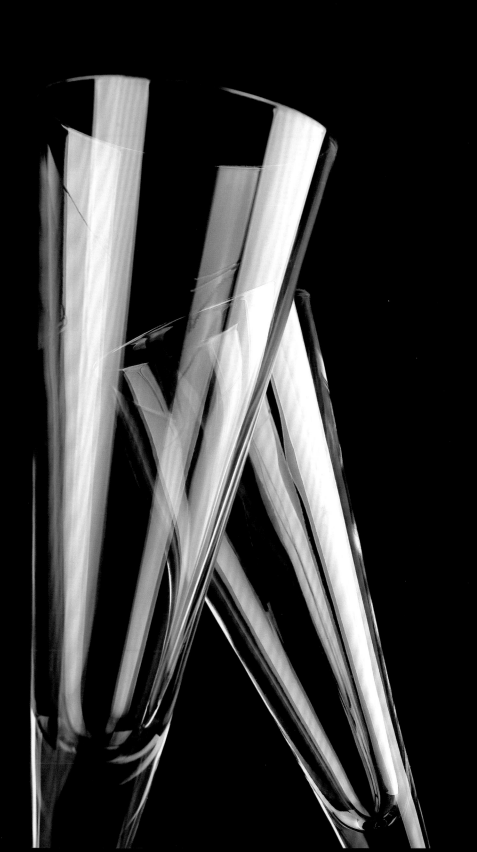

Vodka

伏 特 加

　水一般的外觀是伏特加最大的特色，透明無色，初次嘗試很容易讓人想起醫院消毒用的酒精棉，唯有細細品味才能感受各種品牌或不同原料製作的差異性。

　伏特加的製作原料相當多元，穀物、麥芽、水果或根莖類作物都可以釀製，因為製作技術門檻相對較低，幾乎每個地區或國家都能生產。不過提到伏特加的生產大國，莫過於俄羅斯與波蘭，許多知名的品牌都誕生於此。

　伏特加大致可分為兩類：

❶ 傳統的原味伏特加

　酒精濃度大多為40％，喝起來完全不甜，就像在喝加了水的純酒精。原味伏特加製程相對簡單：先從原料製作出中性酒精（※），經過加水調和與過濾程序之後再裝瓶。

❷ 調味伏特加

　有些伏特加會加入各種材料調味，口味可能是水果、巧克力、咖啡、香料…甚至是一些令人很難想像的口味，味道酸、甜、苦、鹹、辣都有，即使是相同口味，不同品牌的產品口感差異也很大，有些調味伏特加只會粹取香氣，口感仍是不甜的。

　伏特加是最好用也最好調的基酒，酒譜中的伏特加如果沒有特別標示口味，指的就是原味伏特加，是最推薦初學者優先入手的基酒。

原味伏特加：俄羅斯與波蘭伏特加　　　　　調味伏特加：巧克力與鹹焦糖伏特加

※中性酒精指的是以各種製酒原料經過糖化、發酵、蒸餾等程序得到的高酒精濃度酒液，
所有烈酒的製作都會經過這道程序，再依酒的種類不同進行加工。

Gin

琴 酒

濃厚的藥草香氣是琴酒最迷人的地方，有人說它像香水芬芳四溢，也有人說它像中藥難以下嚥，各品牌製作配方不同，讓每瓶琴酒都有著獨樹一格的特色。

釀製琴酒的原料沒有特別限制，許多國家都有生產琴酒，但市占率最高、調酒最常用的是**英式倫敦琴酒**（London Dry Gin），它的特色是酒精濃度高（通常在40％以上）、口感不甜、藥草味重，並以杜松子為主要香氣。

杜松子（Juniper Berry）是杜松子樹的果實，它的外觀近似藍莓，是製作琴酒最重要的材料，無論不同品牌的風味、口感有多大差異，都還是能嚐出杜松子的味道，也因此琴酒又被稱為杜松子酒。

除了英式倫敦琴酒，還有**荷蘭琴酒**（Dutch Gin）、**老湯姆琴酒**（Old Tom Gin）與**野莓琴酒**（Sloe Gin）等特殊風味的琴酒，它們在琴酒歷史上曾黯淡好一段時間，但近年又開始流行，台灣也有引進不少品項。

根據法規，英式倫敦琴酒蒸餾完成後不能再添加水以外的材料，但近代誕生許多新興的琴酒品牌，蒸餾完成後會添加香料、藥材或水果再製，有別於傳統英式倫敦琴酒以杜松子味為主體，它們的風味更加多元也相當受市場歡迎，這類琴酒通常標示為**蒸餾琴酒**（Distilled Gin），有些品項還會有甜味。

以琴酒為基酒的經典雞尾酒是六大基酒中最多的，就連雞尾酒之王—馬丁尼也是以琴酒調製。建議初學者先入手最常用的英式倫敦琴酒，如果酒譜沒有特別標示琴酒的種類，都可以用它來調製。

經典的英式倫敦琴酒──坦奎利與高登

老湯姆琴酒與野莓琴酒

相關介紹請看 P264 與 P230。

蒸餾琴酒──以柑橘調味的藍袍坦奎利

Rum

蘭姆酒

甜甜的蔗香味是蘭姆酒最大的特色，相較於伏特加的酒精感與琴酒的藥草味，有些人對它的接受度更高，蘭姆酒的甜香與酸味果汁很搭，經常用於酸酸甜甜的熱帶水果調酒，是相當受歡迎的基酒。

最常用於製作蘭姆酒的原料是甘蔗糖蜜，這是一種製糖工業產生的副產品，理論上只要能夠種植甘蔗的地方就能生產蘭姆酒，但加勒比海諸國有著殖民時代的歷史背景，成為現今蘭姆酒最主要的產區。

調酒最常用到的蘭姆酒是**白蘭姆酒**（**White Rum**），很多品牌的酒標是以西班牙文標示，例如標示**Ron Blanco**，指的就是白蘭姆酒（Ron = Rum, Blanco = White）。有些白蘭姆酒會經過長時間陳放，最後再以特殊技術過濾掉顏色讓酒液呈現透明狀態，這種品項會特別標示年份，但大部分白蘭姆酒只經過短暫陳放，酒液呈現透明或微微的金黃色。

除了白蘭姆酒，還有特殊風味的**牙買加蘭姆酒**（**Jamaican Rum**）、添加香料製作的**香料蘭姆酒**（**Spiced Rum**）與經過陳放的**陳年蘭姆酒**（**Aged Rum**），建議隨著調酒經驗累積，慢慢入手不同類型的蘭姆酒。

另一種以甘蔗汁為原料製作、有巴西國寶酒之稱的**卡夏莎**（**Cachaça**），也是世界知名的烈酒，它的風味、製程與蘭姆酒都不同，但在台灣有些Cachaça被標示為蘭姆酒出售，小心不要買錯了。

雖然不同蘭姆酒風味差異很大，但對初學調酒者來說只要入手一瓶白蘭姆酒就很夠用，如果酒譜沒有特別標示蘭姆酒的種類，都可以用它來調製。

PART 2

白蘭姆酒酒標。Blanco, Platino 指的都是白色、透明之意。

牙買加蘭姆酒、香料蘭姆酒與陳年蘭姆酒。白色蘭姆酒不代表一定沒陳年,深色的蘭姆酒不一定是陳年蘭姆酒,購買時應注意標示。

卡夏莎 (Cachaça)。相關介紹請看 P290。

BASE 4

Tequila

龍舌蘭

　　龍舌蘭的香氣會讓人想到發酵一段時間的鳳梨，製作這種酒的原料是**藍色龍舌蘭**（**Blue Agave**），它的鱗莖多汁且富含糖份，經過烘烤、發酵、蒸餾與陳年等程序，就能製作成龍舌蘭酒。

　　墨西哥是龍舌蘭唯一合法產國，不僅 Tequila 的酒名受到法律保護，製程也有嚴格限制；根據墨西哥法令規定，製作原料必須有 51％ 以上的藍色龍舌蘭，產品才能標示為 Tequila 出售。因為這種作物生長週期長、採收成本高，有些高價品項會標榜原料為百分之百藍色龍舌蘭（100% Blue Agave），以突顯其用料的扎實。

　　龍舌蘭依其陳年時間，主要分為**白**（**Silver**）、**短陳年**（**Reposado**）與**長陳年**（**Añejo**），隨著陳年時間增加顏色也越深。其中白色龍舌蘭陳放時間最短，最接近龍舌蘭的原始風味，刺激性通常也較高；陳年款經過長時間熟成，香氣會帶有木桶的特色，口感也會溫和許多。

　　推薦初學者先入手一瓶白龍舌蘭，只要是看到酒譜出現龍舌蘭都可以用它調製，有些酒標會標示 Plata 或 Blanco，與 Silver 指的都是同一種品項。相較於其他基酒，龍舌蘭特殊的香氣讓它接受度偏低，但如果你喝過、調過覺得白色龍舌蘭還不錯，一定要入手陳年款，體會更多龍舌蘭的樂趣！

龍舌蘭酒標。左瓶為符合法令規定製作的龍舌蘭，右瓶不僅符合規定，還標示百分之百以
藍色龍舌蘭製作。

Silver, Reposado & Añejo。知名酒廠 Jose Cuervo 旗下的 1800 龍舌蘭，依陳年時間
長短分別推出的品項。

BASE 5

Whisky

威士忌

　　威士忌是以麥芽或穀物爲原料製作的蒸餾酒，**全球五大產區分別爲蘇格蘭、美國、愛爾蘭、加拿大與日本**，每個產區的原料、製作規範不同，特色、風味也有很大的差異。

　　在台灣，**蘇格蘭威士忌**（Scotch Whisky）比較爲人所熟知，但雞尾酒文化蓬勃發展於美國，許多酒譜都指定使用美國國產的**波本**（Bourbon）**與裸麥**（Rye）**威士忌**，早期台灣很難買到裸麥威上忌，但近年來已經有不少品項進口。

　　法令規定波本威士忌的製作成份必須包含51%以上的玉米、用全新烘烤過的白橡木桶陳年、蒸餾、陳年與裝瓶的酒精濃度也有嚴格限制，而且……一定要在美國境內生產！

　　雖然法令沒有規定波本威士忌的陳年時間，但市售品牌酒標上大多有**Straight Bourbon**的字樣，它指的是這瓶酒內所有的酒液都至少陳放兩年以上，製作過程中也沒有其他添加物，對波本威士忌來說幾乎可以說是基本要求了。

　　用於調酒，推薦的入手順序是**波本威士忌→蘇格蘭調和式威士忌→裸麥威士忌**，大部分以威士忌爲基酒的調酒都可以用這三種威士忌調製。

由左至右依序是蘇格蘭的約翰走路、美國的金賓、愛爾蘭的詹姆森、加拿大的加拿大會所與日本的余市。

波本威士忌。美國肯塔基州是最知名的波本威士忌產地，在此設廠的品牌都會在酒標上加註 Kentucky 的字樣。

裸麥威士忌。相關介紹請看 P090。

Brandy

白蘭地

　　白蘭地泛指以水果為原料製作的蒸餾酒，不過在酒譜中看到白蘭地，指的多是以葡萄為原料製作的蒸餾酒。在所有水果蒸餾酒中，以法國干邑地區的葡萄白蘭地最知名，當地符合法規所生產的白蘭地，特稱為干邑白蘭地（Cognac）。

　　白蘭地也是一種經過熟成的烈酒，它的年份不像威士忌以數字表示，而是以縮寫代表陳放時間：

❶ VS Cognac

　　VS（"very special"）等級的干邑白蘭地，指的是用於勾兌、裝瓶的原酒，陳年時間均在2年以上。

❷ VSOP

　　"Very Superior Old Pale"的縮寫，指的是用於勾兌、裝瓶的原酒，陳年時間均在4年以上。

❸ XO

　　Extra Old"的縮寫，指的是勾兌、裝瓶的原酒，陳年時間均在10年以上。

　　雖然單價偏高，但想嘗試經典的白蘭地雞尾酒，初學者還是要入手一瓶VSOP干邑白蘭地，如果酒譜沒有特別標示白蘭地的種類，或是直接標示Cognac，都可以用它來調製。除了干邑，本書也將介紹另外兩種知名的白蘭地：以蘋果為原料、產於法國諾曼第地區的卡爾瓦多斯（Calvados），還有以麝香葡萄為原料、盛產於中南美洲的皮斯可（Pisco）。

VS干邑白蘭地。VS等級的干邑有些品牌會以三星標示。

XO與VSOP干邑白蘭地。台灣由於特殊的歷史背景，想買干邑地區以外的法國白蘭地反而不容易，低年份的干邑也很少，最常見的是VSOP或XO等級。

皮斯可與卡爾瓦多斯。相關介紹請看P284與P144。

PART

3

Technique

開始調酒之路

最主要的調酒技法包括：**直調法、搖盪法、攪拌法**與**混合法**，只要有幾個基礎的工具並熟悉這四大技法，大部分雞尾酒都可以輕鬆調製。

第三個單元我們會詳細介紹四大技法的實作，以及如何用它們來調製美味的雞尾酒。隨著用到的材料越來越多，也會引導初學者依序購入各種材料，從最常用的材料買到比較特定的品項，以最少的花費、享受最大的調酒樂趣！

看懂酒譜標示

酒精感提示　　酒杯選擇　　調製技法

Build

新手入門‧直調法

　　直調法（**Build**）是最簡單的調酒技法，工具只需要準備量酒器與吧匙，調製時先在杯中加入冰塊與材料，攪拌均勻後即可飲用，相當適合初學者作為第一杯調酒的嘗試。

Highball調酒

　　練習直調法的調酒，一開始只要準備基酒與軟性飲料（指無酒精成份的飲料，像是果汁或汽水），這種只有基酒與軟性飲料的調酒被稱為Highball，而用於裝Highball的酒杯，就被稱為Highball杯（高球杯）。

Highball雞尾酒的起源有兩種說法：第一種說法認爲，Highball起源於高爾夫球場，爲了降低威士忌的酒精濃度，避免玩家在球場上喝瞎，於是摻入蘇打水飲用，而這種喝法就用高爾夫球術語的高飛球（High Ball）命名，或許是喝完之後如有神助，更能打出漂亮的高飛球吧？

第二種說法認爲Highball起源於鐵路術語，早期通訊設備並不發達，火車過站前駕駛員要先以望遠鏡觀看車站內的信號球，當信號球高高揚起，代表要火車高速通過、鐵道已淨空不需停留。當我們將材料倒進杯子，冰塊隨著液面升高，是不是很像信號球的揚起呢？

現在，就讓我們分別用伏特加、琴酒、蘭姆酒與龍舌蘭調製Highball雞尾酒吧！

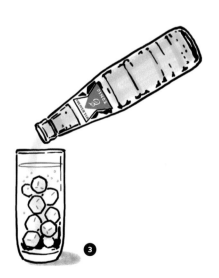

Cape Codder

鱈魚角

提到蔓越莓汁，大家最熟知的應該是優鮮沛（Ocean Spray）這個牌子，在那個酒類警語還沒有這麼嚴格的年代，這間公司爲了推廣自家果汁，在包裝上印製酒譜，鼓勵消費者買回去套伏特加喝，最早這種喝法被命名爲紅魔鬼（Red Devil），可能是覺得名字不好聽，後來才以美國觀光勝地──鱈魚角來命名。

酒譜延伸

如果將「鱈魚角」酒譜中的蔓越莓汁換成柳橙汁，就是另一杯知名調──螺絲起子（Screwdriver）；如果換成葡萄柚汁並以鹽口杯飲用，就是鹹狗（Salty Dog）。（鹽口杯的製作見 P074）

INGREDIENTS

· 45ml 伏特加
· 適量 蔓越莓汁

STEP BY STEP

1　高球杯裝滿冰塊，先倒入伏特加，再補滿蔓越莓汁。
2　稍加攪拌，以檸檬片作為裝飾。

TASTE ANALYSIS

微酸甜　　莓果

低酒精度

高球杯

直調法

Gin Tonic

琴通寧

通寧水是最常用於調酒的碳酸飲料之一，它喝起來酸酸甜甜、尾韻有點微苦，在台灣很少人會直接飲用通寧水，第一次喝到它通常是因為學調酒，那……通寧水究竟是什麼呢？

17世紀瘧疾席捲歐洲大陸與熱帶地區，是一種致死率相當高的疾病，當時派駐於秘魯的歐洲傳教士偶然發現，印第安原住民會用樹皮磨粉治療發燒與抽筋的戰士，經由後世科學家證實，這種由金雞納樹樹皮提煉的成份可以抵抗瘧疾，並以印加土語將之命名為奎寧（Quinine），意思是『神聖的樹皮』。

一直到19世紀，歐洲列強征戰全球就靠著奎寧得以抵抗瘧疾，但是奎寧苦味很重，英國阿兵哥於是加入琴酒混搭飲用，沒想到這種喝法傳回歐陸竟大受歡迎，坊間開始有將奎寧混合糖、檸檬汁的飲料出現，發展至今已成為罐裝通寧水的形式。

琴通寧就是琴酒加通寧水的Highball調酒，雖然現在的通寧水奎寧含量很低，已不再有醫療效果，但它微帶苦味的口感與琴酒的藥草香氣很搭，也讓琴通寧成為廣受大眾歡迎的琴酒雞尾酒，尤其適合當作開胃酒飲用。

INGREDIENTS
· 45ml 琴酒
· 適量 通寧水

STEP BY STEP
1　高球杯裝滿冰塊，先倒入琴酒，擠入一個檸檬角的果汁。
2　補滿通寧水，稍加攪拌，以檸檬角作為裝飾。

TASTE ANALYSIS
微酸甜　微苦　藥草　氣泡

低酒精度

高球杯

直調法

Cuba Libre

自由古巴

　　蘭姆酒的香氣帶有甜味，和可口可樂搭配可說是最適合的基酒，自由古巴就是一杯結合兩種材料的Highball調酒，但它為什麼不像琴通寧，直接用材料命名為Rum Coke呢？

　　因為Rum Coke只要是蘭姆酒就能調，Cuba Libre則是指定使用古巴蘭姆酒。不過古巴革命期間許多知名酒廠被迫遷到海外，現在市面上古巴蘭姆酒的選擇非常少，有些外國品牌會標榜自家產品源於古巴，就是想強調風味的正統性……我們只是調個酒不用那麼執著，選瓶喜歡的蘭姆酒就好！

　　自由古巴誕生於1898年美西戰爭末期，一位名為福斯托‧羅德里格斯（Fausto Rodriguez）的傳令兵邀請隊長到酒吧喝酒，隊長吩咐調酒師以百加得（Bacardi）蘭姆酒（當時仍為古巴國產，現今酒廠位於波多黎各）、可口可樂與萊姆角調酒，這種喝法大受眾人好評，因為用了來自美國的可口可樂與古巴的蘭姆酒，大家就一起高舉酒杯喊出『解放古巴！』（Por Cuba Libre！）當祝酒詞，這杯酒也因此得名。這個故事聽起來很熱血，不過1898年可口可樂其實還沒引進古巴，以祝酒詞命名的說法很有可能是酒商杜撰的……沒關係，好喝最重要啦！

INGREDIENTS

・45ml 蘭姆酒
・適量 可口可樂

TASTE ANALYSIS

微酸甜	氣泡

STEP BY STEP

1　高球杯裝滿冰塊，先倒入蘭姆酒，再補滿可口可樂。

2　稍加攪拌，以檸檬角作為裝飾。

低酒精度

高球杯

直調法

Tequila Sunrise

龍舌蘭日出

龍舌蘭日出發源於1930年代，誕生地是美國鳳凰城的比爾特莫爾飯店（Arizona Biltmore Hotel），材料包括龍舌蘭、黑醋栗香甜酒、萊姆汁與蘇打水，不過現在已經很少人這樣調製了。

這杯酒利用材料比重不同的原理調製，糖漿倒入後會沉在底部形成漸層，讓人聯想到日出的美景；飲用前稍加攪拌，糖漿會漸漸暈開，可以看到不同的顏色變化。

現在通行的酒譜發源於舊金山北部的三叉戟餐廳（The Trident），創作者是鮑比・羅佐夫（Bobby Lozoff）與比利・萊斯（Billy Rice）兩位調酒師。1972年，滾石樂團的全美巡迴演唱會在這裡舉辦派對，主唱米克・傑格（Mick Jagger）原本要點瑪格麗特，但在羅佐夫推薦下改喝龍舌蘭日出，沒想到他一喝成主顧，接下來的旅程總是隨手一杯。2010年另一名團員基思・理查茲（Keith Richards）在回憶錄寫到當年的巡迴，稱之為『古柯鹼與龍舌蘭日出之旅』（Cocaine and Tequila Sunrise tour），聽起來真的是潮爽der～

1973年，龍舌蘭酒廠金快活（Jose Cuervo）以這杯酒為行銷策略，在酒瓶上印製酒譜作為推廣；同年，老鷹樂團剛好又以『Tequila Sunrise』為名，推出經典歌曲，借助音樂的流行，加上酒商的強勢行銷，讓龍舌蘭日出開始風靡全世界。

INGREDIENTS

・45ml 龍舌蘭
・15ml 紅石榴糖漿
・適量 現榨柳橙汁

STEP BY STEP

1　高球杯裝滿冰塊，先倒入龍舌蘭，再補滿柳橙汁。

2　稍加攪拌，從杯緣倒入紅石榴糖漿製作漸層。

3　以檸檬片作為裝飾。

TASTE ANALYSIS

微酸甜	柳橙	莓果

低酒精度	高球杯	直調法

Shake

酸味調酒 · 搖盪法

搖盪法（Shake）的工具需要準備雪克杯，調製時先在杯底加入材料與冰塊，再密合中蓋與上蓋，搖盪均勻後濾掉冰塊、將酒液倒出即可飲用。

本篇將介紹搖盪法使用的器具——雪克杯，還有以搖盪法調製的——酸味雞尾酒。

三件式雪克杯 Cobbler Shaker

市面上最常見的雪克杯由三個物件組成：底杯、中蓋與上蓋。

關於搖盪，初學者常有的疑問是：

Q1：應該先加材料、還是先加冰塊呢？

　　一開始建議先加材料再加冰塊，因爲初學者對酒譜還不熟悉、動作也不順暢，如果先加冰塊再加材料，一邊看酒譜一邊找材料耗費的時間，會讓冰塊融出很多水，導致材料被稀釋。

Q2：應該怎麼握雪克杯呢？

　　如果完全沒有經驗，重點就是不要在搖盪過程中爆開即可，請參考右圖的握法：

　　握法固定底杯、上蓋、上蓋中蓋交接處，搖盪時已不容易爆開，如果搖盪前先將底杯與中蓋確實密合，再蓋上上蓋，搖盪時密合度會更好、更不容易爆開。對了……含有氣泡的飲料絕對不可以加入雪克杯搖盪，否則會有意想不到的悲劇發生。

　　有些人在搖盪前習慣將雪克杯往桌面敲擊，其實只要選擇一個密合度佳的雪克杯，就沒有必要以敲擊的方式密合三個物件，這樣敲不僅容易導致雪克杯變形，搖完之後還有可能會打不開。

雪克杯握法
以左手中指扶住底杯下端作為支撐，食指與無名指輕靠在底杯兩側，大拇指壓住中蓋；右手大拇指壓住上蓋，食指、中指、無名指輕靠在底杯。

Q3：應該要怎麼搖雪克杯？

搖盪的目的在於均勻混合與冰鎮材料，雖然這樣冰塊的耗損量有點大，但搖盪前將冰塊裝滿底杯（甚至略高於底杯都沒關係），對初學者來說可以取得較佳的搖盪效果，因為冰塊越多、越密集，混合與冰鎮的效果就越好，搖盪時間也可以縮短。

搖盪時要讓冰塊在雪克杯兩端規律來回，用左手與右手感受冰塊觸擊杯壁的手感，如果完全沒有經驗，請參考下圖的搖法：

雪克杯搖法
將雪克杯水平置於胸前，上蓋朝向自己，水平向外推出再拉回，快速重複此動作約10～15秒，過程中會感受到冰塊在雪克杯兩側規律的撞擊。

Q4：應該搖多久？

　　這個問題有點難解，材料特性、冰塊條件、容量、搖法等，眾多因素都會影響搖盪時間，要判斷搖盪是否均勻、有沒有太水或太稀的問題，除了需要經驗累積，也包含某種程度的主觀判斷……我覺得這部份對初學者來說不需要太強求，先習慣搖盪的手感、多嘗試幾杯不同搖盪時間的成品，慢慢抓到那個『對』的感覺，也是學習調酒的一大樂趣。

　　搖盪完成後濾冰倒出：打開上蓋、握住中蓋與底杯交界處，透過中蓋的濾網阻擋冰塊，將酒液倒入酒杯。如果冰塊或果渣卡住濾網，導致倒出酒液時出現堵塞，只要上下抖振或稍加旋轉雪克杯，就可以讓酒液恢復流出。

雪克杯倒法
一手持雪克杯倒酒、另一手扶住酒杯底端，避免倒酒過程中傾倒。

酸味雞尾酒 Sour

酸味雞尾酒有時翻譯為酸酒、騷兒或沙瓦，前面再冠上主要材料的名稱，例如以杏仁香甜酒調製的酸味雞尾酒，可能會被稱為杏仁酸酒、杏仁騷兒或杏仁沙瓦，指的都是以**Sour**的作法來調製**杏仁香甜酒**這項材料。

Sour最基本的結構就是**酒＋酸＋甜**。酒可能是烈酒、香甜酒或其他酒類，酸指的是酸味果汁，甜指的是糖漿或其他可提供甜味的材料，最簡單的Sour只要這三種材料就能調製，但以Sour為基礎的變化相當多，不只是經典雞尾酒的原型之一，也是學習調酒的基本功。

我們已經有了基酒，接著要準備調製Sour的另外兩項材料：酸與甜。

檸檬與萊姆

最常用於酸味調酒的果汁是檸檬汁／萊姆汁，翻閱原文的酒譜，有Lemon Juice也有Lime Juice的標示，這兩種果汁有什麼不同呢？

在台灣我們很少去區分檸檬與萊姆，一般水果行最常見的分類是『有籽檸檬』與『無籽檸檬』，前者通常體積較大、皮厚、汁少纖維多，外觀呈現亮綠、橢圓狀；後者通常體積較小、皮薄、汁多纖維少，外觀以深綠居多、呈現圓形。

調酒推薦以有籽檸檬為優先，它酸澀度較高，皮脂豐富還可用於噴灑皮油。不過有籽檸檬有時會買到皮超厚、汁超少、味道還很苦澀的批次（通常也是最貴的時候），此時改用無籽檸檬反而是個不錯的選擇。

無籽檸檬與有籽檸檬

榨取檸檬汁的用具有很多種，推薦使用圖中這種將檸檬對切後、置於上端擠汁的旋壓式榨汁器，電動的旋壓式榨汁器更有效率，濾盤可過濾果渣與果籽，底部還有集汁盒相當方便。

現榨檸檬汁如果有多餘的量，可冷藏保存約7～10天。另一種方式是在檸檬產季大量購買，榨汁後裝入保特瓶，放入冷凍庫冷凍，等到檸檬不好買又很貴的時候，再拿出來解凍使用，雖然不比現榨美味，還是比罐裝檸檬汁來得更好！

旋壓式榨汁器可用於多種柑橘類水果，像是調酒常用的檸檬、柳橙以及葡萄柚。

自製調酒用純糖漿

糖漿能降低果汁的酸澀感與酒精刺激性，適量使用可以平衡口感，讓成品接受度更高。酒譜上如果沒有特別標註糖漿口味，只要用純糖漿調製即可，純糖漿在家就可以自製，不僅簡單好做，還不用擔心添加物的問題！

準備好砂糖，取任一容器量取3份糖與2份水，倒入鍋裡（例如3碗糖加2碗水），以中小火邊煮邊攪拌，直到所有砂糖都溶解、鍋底開始冒出微微氣泡時即可關火，靜置冷卻後再倒入瓶中，冷藏保存。

除了冷藏保存，有兩個小訣竅可以延長純糖漿的保存期限：

❶ 用沸騰過的飲用水煮糖漿，因為糖漿不能煮到完全沸騰，否則邊緣容易燒焦出現異味。
❷ 裝糖漿的容器事先消毒，例如將玻璃瓶以沸水煮過後再使用。

自製糖漿冷藏約可保存半年，判斷糖漿有沒有壞掉很簡單，只要在光源下檢視瓶內是否有懸浮物，如果有的話……千萬不要再用啦！本書所有用到純糖漿的酒譜都是以這個甜度製作，趕快動手煮一瓶吧～

Daiquiri

黛綺莉

黛綺莉這杯酒材料簡單、好調，冰涼酸甜好入口，檢視酒譜會發現它其實就是 Rum Sour，但不管是 Gin Sour、Vodka Sour 還是什麼 Sour，還有哪杯能比蘭姆酒當基酒更好喝呢？蘭姆酒廣泛用於搭配酸味果汁的熱帶調酒不是沒有原因的！

關於黛綺莉的起源有蠻多不同說法，最早的酸味調酒，很可能源於大航海時代，船員為了抵禦壞血病（一種因缺乏維生素 C 所導致的疾病），將配給的蘭姆酒與酸味果汁（通常是易於保存的柑橘類水果）一起飲用，再加上少許甜味平衡口感，成為酸味調酒的雛型。

雖然 Sour 的起源已不可考，但黛綺莉開始有了名字大約是在 19 世紀末的美西戰爭，有個說法認為，它的創作者是當時在古巴的美國礦工工頭－詹寧斯·考克斯（Jennings Cox），他以當地的蘭姆酒為基酒調製，並以作業的礦區名稱－ Daiquiri 命名這杯酒。

1909 年，美軍醫官盧修斯·強森（Lucius Johnson）將黛綺莉帶回華盛頓特區的海軍與陸軍俱樂部，讓這杯酒開始於美國本土流傳，到了美國禁酒令時期（1920-1933），走私的蘭姆酒大量用於調酒，更加奠定蘭姆酒的地位。

二戰爆發後，糧食需求讓威士忌與啤酒產量驟減，當時美國總統羅斯福為了拉攏中南美洲，推行的睦鄰政策中包含採用當地生產的原物料與產物，蘭姆酒也大量用於填補軍事活動產生的市場需求，間接促成黛綺莉雞尾酒的風行。

調製 Sour 的酸甜拿捏，就像喝手搖飲料各有所好，糖漿與檸檬汁可以自行調整，喜歡酸點就多放檸檬汁少點糖漿，喜歡甜點就少放檸檬汁多點糖漿，慢慢摸索出屬於自己最喜歡的『黃金比例』。

各種基酒都可以用 Sour 的形式調製，將蘭姆酒換為其他基酒試試看吧！

"Daiquiri" {Original Mr. Cox's.

for 6 persons—
The juice of 6 lemons
8 teaspoons of of Sugar
6 Bacardi cups."Carta Blanca
2 small cups of Mineral Water
Plenty Crushed ice —
Put all ingredients in a cocktail
shaker. and shake well —
Do not strain as the glass may
be served with some ice —

詹寧斯 · 考克斯傳說中的黛綺莉手稿

INGREDIENTS

· 45ml 蘭姆酒
· 15ml 檸檬汁
· 20ml 純糖漿

STEP BY STEP

1 將所有材料倒進雪克杯,加入冰塊搖盪均勻。

2 濾掉冰塊,將酒液倒入已冰鎮的酸味酒杯。

TASTE ANALYSIS

酸甜

中酒精度 　 酸味酒杯／先冰杯 　 搖盪法

關於冰杯

　　將酒液倒入酒杯前為什麼要先冰杯？因為黛綺莉飲用時杯中並沒有冰塊，如果喝太慢、酒液溫度升高，酒精刺激性與酸澀口感會開始變得明顯；如果能先冰鎮杯具，就能夠讓成品保持低溫更長的時間，對於維持酒的風味相當有幫助。

　　冰杯的方式有兩種：

❶ 將杯具洗淨擦乾，放置於冰箱冷凍庫15分鐘以上，拿出後即可使用。

❷ 在杯子裡面放冰塊，稍加攪拌後靜置3～5分鐘，倒入酒液前再將冰塊倒掉。

　　如果冷凍庫空間夠，推薦用第一種方式冰杯，這樣杯內不會殘留水份，整個杯子表面都會均勻的結上一層霜，相當漂亮。

以冷凍庫冰鎮的馬丁尼杯。

以冰塊冰鎮的馬丁尼杯。

White Lady

白色佳人

　　1919年第一次世界大戰剛結束不久，爲了忘卻戰爭帶來的傷痛，紙醉金迷的夜生活是最有效的止痛劑，當時任職於倫敦西羅俱樂部（Ciro's Club）的調酒師哈利‧麥克馮（Harry MacElhone）創作了這杯名爲白色佳人的雞尾酒，原始的材料是君度橙酒、薄荷酒與檸檬汁，一直到1929年，他才在巴黎的哈利紐約酒吧（Harry's New York Bar）將薄荷酒改爲琴酒，成爲我們目前所熟知的版本。不過，1930年任職於倫敦薩伏伊飯店（Savoy Hotel）的調酒師－哈利‧克拉多克（Harry Craddock），在他的著作──薩伏伊雞尾酒全書（The Savoy Cocktail Book）中收錄了同以琴酒、君度橙酒與檸檬汁調製、名爲白色佳人的雞尾酒，也宣稱這杯酒是他的創作，那這杯酒的創作者究竟是誰呢？我想……應該是哈利沒有錯！

INGREDIENTS

- 60ml 琴酒
- 15ml 君度橙酒
- 15ml 檸檬汁
- 1tsp 純糖漿

STEP BY STEP

1　將所有材料倒進雪克杯，加入冰塊搖盪均勻。

2　濾掉冰塊，將酒液倒入已冰鎮的馬丁尼杯中。

TASTE ANALYSIS

酸甜	柑橘	藥草

中高酒精度　馬丁尼杯／先冰杯　搖盪法

工作中的哈利・克拉多克。

Harry's New York Bar
原名為New York Bar，
1923年哈利買下後在店名
加上自己的名字，至今仍
持續營業中。

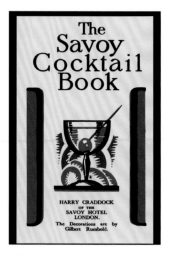

持續再版至今的薩伏伊雞尾酒全書。

tsp的量取方式

　　量法是一手將匙柄靠於雪克杯緣、匙面置於雪克杯中央，另一手將糖漿緩慢倒進匙面，等匙面快滿時停止，扶正糖漿瓶並將匙面反轉向下，如果有酒嘴（注酒器），對初學者來說會比較容易上手。

　　白色佳人除了酸與甜還加了君度橙酒，它可以讓成品帶有柑橘皮香氣，本身也是提供甜味的來源，因此這杯酒的糖漿不用加很多，先從1tsp開始嘗試即可。

吧匙經常用於量取用量較少的材料。

君度橙酒 Cointreau

入手各大基酒後，第一瓶要入手的香甜酒推薦君度橙酒，如果看到『白橙皮酒』或是『白柑橘酒』、或是看原文標示 Triple Sec 的酒譜，都可以用這瓶酒來調製。

在大航海時代，荷蘭人會將各式的香料、水果與藥材與甜酒結合，以維持長時間的保存，逐漸發展成香甜酒的形式。其中在加勒比海的庫拉索島（Curaçao）盛產的柑橘，雖然果肉不好吃但果皮味非常芳香，於是歐洲人將橙皮浸泡於酒中萃取其風味，這種以橙皮作為調味的香甜酒，就被稱為庫拉索酒（Curaçao Liqueur）。

用到白橙皮酒的調酒相當多，建議初學階段就先入手一瓶君度橙酒。

後來法國人發展出 Triple Sec，雖然也是庫拉索酒，但 Sec 指的是 Dry，也就是指相對比較不甜的口味（三倍不甜），由於它酒精濃度高、香氣濃郁，在雞尾酒的運用非常廣泛，而其中最知名、也是最常用的 Triple Sec 就是君度橙酒。

雖然是三倍不甜……但純喝君度橙酒還是會被它的甜度嚇到，它不適合純喝，大多用於雞尾酒調味、與酸味果汁搭配，或是直接當成基酒使用。

Cosmopolitan

柯夢波丹

粉紅色澤、酸甜口感與莓果香氣，讓柯夢波丹相當受到女性歡迎，帶起這股風潮的是 20 世紀末的影集——慾望城市（Sex and the City），劇中角色聚會經常點一杯與時尚雜誌同名的雞尾酒——Cosmopolitan，粉紅色澤加上一捲橙皮，看起來相當吸引人，隨著影集的風行，這杯酒也越來越廣爲人知了。

大部分經典雞尾酒的創作者，因爲年代久遠通常已經仙逝，但柯夢波丹這杯酒的『可能』創作者，可是都好好的活在世上呢！現在我們所熟知的酒譜雛型，約莫誕生於1980年代，創作者是有著『南灣馬丁尼女王』之稱的雪莉·庫克（Cheryl Cook）。

2005年，庫克寫信給美國雞尾酒博物館的蓋瑞·雷根（Gary Regan），告訴他柯夢波丹的創作故事。大約是1985年，庫克發現當時已經流行一段時間的馬丁尼，以及正開始流行的伏特加馬丁尼，偶爾會有女客人點來喝，但感覺不是很喜歡酒的味道，詢問後才知道她們只是想要拿著這種高腳、造型優雅的馬丁尼杯喝酒，並不是眞的愛喝這種高酒精度、不甜又帶有藥草香氣的雞尾酒。

庫克聽完，決定爲這樣的客人創作一杯用馬丁尼杯盛裝、顏色要好看、口味還要很好喝的雞尾酒，她用 Absolut Citron（一種以柑橘調味的伏特加）爲基底，加上白橙皮酒、玫瑰萊姆汁與蔓越莓汁，調出這杯外觀討喜、口味大眾化的雞尾酒……而且這杯酒的命名，還眞的與柯夢波丹雜誌有點兒關係！

另一位可能的創作者是托比·切契尼（Toby Cecchini）。1987年的舊金山，切契尼與同事希望能讓酒單多點變化，他們試著混合伏特加、罐裝萊姆汁與紅石榴糖漿，發現這樣太甜膩而且有化學怪味，於是改用剛上市的 Absolut Citron 當基酒，將罐裝萊姆汁換成現榨檸檬汁、再加點君度橙酒平衡味道，最後補一點蔓越莓汁，希望讓酒的口感更加討喜，雖然這種調法大受歡迎也幾乎就是現代的柯夢波丹，但切契尼本人相當謙虛，認爲他只是『剛好在調一杯一模一樣的東西』。

最後，美國雞尾酒博物館做出『仲裁』，分別向兩人表示：

Cheryl: We hail you as the creator of the original Cosmopolitan.

Toby: We hail you as creator of the Cosmopolitan, Mark 2.

INGREDIENTS

· 45ml 伏特加
· 15ml 君度橙酒
· 15ml 檸檬汁
· 25ml 蔓越莓汁
· 10ml 純糖漿

TASTE ANALYSIS

| 酸甜 | 莓果 | 柑橘 |

中酒精度　　馬丁尼杯／先冰杯　　搖盪法

STEP BY STEP

1　將所有材料倒進雪克杯,加入冰塊搖盪均勻。
2　濾掉冰塊,將酒液倒入已冰鎮的馬丁尼杯。
3　噴附檸檬或柳橙皮油,投入皮捲作為裝飾。

皮油―雞尾酒的魔法

　　很多雞尾酒調製完成後,會噴附皮油在酒液表面、杯腳與杯壁,成品增添皮油的風味後有畫龍點睛的效果。噴完皮油,有些作法會將皮捲投入杯中,或是掛於杯緣當裝飾……如果用噴的嫌不夠,還可以用皮捲抹一圈杯緣,香氣會更持久。

取得檸檬皮捲

❶ 將檸檬洗淨、去蒂後直立於砧板,從一側下刀。
❷ 削皮時盡量不要削到果肉,默念一下庖丁解牛。

PART 3 | TECHNIQUE | 071

❸ 取下的檸檬皮內側有白末，不除其實也沒關係。

❹ 平放檸檬皮，橫拿刀具從一側下刀。

❺ 讓刀具平行於桌面橫移，慢慢將白末去除。

❻ 如果覺得修一次不夠，你可以修兩次。

❼ 壓平檸檬皮，從一側直線下刀，另一側比照辦理。

❽ 換個方向，再來一次，就能取得一個方整的皮捲。

❾ 如果要掛在杯緣，就在皮捲中心補上一刀切缺口。

❿ 完成檸檬皮捲。

噴附檸檬皮油

　將檸檬皮捲外側面向酒液表
面，距離約15 ～ 20公分，輕
輕凹折皮捲讓皮油噴附在酒液
表面與杯緣。

Margarita

瑪格麗特

　　約翰·杜雷莎（John Durlesser）是洛杉磯雞尾巴（Tail o' the Cock）餐廳的調酒師，他在1949年的全美調酒大賽以瑪格麗特這杯酒勇奪冠軍，但一直到二十幾年後接受專訪，他才在訪問中提起這杯酒－瑪格麗特其實是他初戀情人的名字，年輕時他們出遊打獵，女方卻誤中流彈倒在自己懷中死去，爲了紀念這段往日戀情，就用女友的名字命名這杯雞尾酒。

　　這個故事雖然淒美動人，但眞實性卻令人存疑，大部分雞尾酒的資料庫較少採信這個說法，但中文網頁大量的複製轉貼，使得這個故事成爲我們最熟悉的版本。

　　那麼，瑪格麗特究竟是由誰發明的呢？答案是──沒人知道。

　　瑪格麗特最早以雞尾酒酒譜的形式出現在出版品，是1953年12月號的君子雜誌（Esquire），但早在1937年，皇家咖啡雞尾酒全書（Café Royal Cocktail Book）就有記載一杯名爲騎馬鬥牛士（Picador）的雞尾酒，無論材料或比例都很接近瑪格麗特的酒譜，只差沒有用到鹽而已。

　　有一種說法認爲，瑪格麗特源自傳統的雞尾酒作法－ Daisy，它指的是混合烈酒、紅石榴糖漿、酸味果汁與蘇打水的調酒，後來Daisy調酒逐漸式微，但以龍舌蘭爲基酒的Tequila Daisy，演變成使用橙酒（甜）、檸檬汁（酸）的酒譜，因爲龍舌蘭來自使用西班牙語的墨西哥，而西班牙語的雛菊（Daisy）就是Margarita，這樣的喝法就以瑪格麗特爲名流傳至今了。

INGREDIENTS

· 50ml 龍舌蘭
· 25ml 君度橙酒
· 25ml 檸檬汁
· 1tsp 純糖漿

STEP BY STEP

1 製作鹽口杯，完成後置於冷凍庫冰杯。
2 將所有材料倒進雪克杯，加入冰塊搖盪均勻。
3 濾掉冰塊，將酒液倒入已冰鎮的鹽口瑪格麗特杯。
4 以檸檬片作為裝飾。

TASTE ANALYSIS

| 酸甜 | 柑橘 | 鹽味 |

中高酒精度

瑪格麗特杯／
鹽口／先冰杯

搖盪法

鹽口杯製作

盡量選擇顆粒小的鹽製作鹽口杯，市售精鹽顆粒較大、鹹度太高會影響口感，推薦磨細過的岩鹽或玫瑰鹽，口感會比較細緻；鹽口杯也可以只抹半圈，讓飲用者隨喜好決定要喝哪一邊。

方法一

盤內撒上少許鹽、輕輕搖晃使其分佈均勻，用檸檬的果肉端抹過杯緣一圈（沾濕即可不要擠出汁），倒置杯口，用杯緣輕觸鹽堆旋轉，讓鹽粒均勻附著，最後輕拍杯底讓多餘的鹽撒落，鹽口杯就完成了。

方法二

　　另一種方式是用鹽盤製作鹽口杯，因為速度快、成品均勻，相當適合店家或需要大量出酒的場合使用。鹽盤分為三層：第一層的海綿使用前會先以檸檬汁浸泡，第二層放入鹽，稍微搖晃使其分佈均勻，第三層可放糖或其他香料、粉末等。將杯口倒放在第一層的海綿上輕壓，沾濕杯緣，再將杯口倒放在鹽層，順逆時鐘來回旋轉讓杯緣均勻抹上一圈鹽，然後提起酒杯、輕拍杯底讓多餘的、太厚的鹽掉落。

鹽盤（沾鹽器）

Stir

經典呈現・攪拌法

攪拌法（Stir）的工具需要再準備調酒杯與隔冰匙。調製時先在調酒杯加入材料與冰塊，再用吧匙攪拌均勻，攪拌完成後將隔冰匙蓋上調酒杯，濾掉冰塊後，將酒液倒入雞尾酒杯。

本篇將介紹攪拌法使用的器具、攪拌技巧，以及用攪拌法調製的經典雞尾酒。

攪拌技巧

　　初學攪拌法一樣建議先加材料、再加冰塊，避免倒材料時間過久導致融水太多。專業酒吧的調酒師會用大型、透明的冰塊，一次只放 1～2 顆進行攪拌，它融化得很慢，可以藉由長時間的攪拌讓材料充分冷卻均勻。

　　一般家用製冰盒製作的冰塊通常較小，內部還有白霧、呈現放射狀的氣泡，因為結構不完整，融化快、出水量大，對於要精準控制融水量的攪拌法相當不利；但它也不是完全沒有優點，因為體積小，用的冰塊量會比較多，材料與冰塊接觸的表面積較大，冷卻速度會比使用大冰塊快很多。

調酒杯、隔冰匙與吧匙

透明冰塊要用特殊製冰盒製作，或是從專業冰塊行訂購，它們通常用於飲用威士忌或以攪拌法調製的雞尾酒，可以減緩融水量，避免影響酒的口感與風味。

學攪拌法常有疑問是：

Q1：應該加多少冰塊？

材料倒入調酒杯後，一顆一顆將冰塊加入調酒杯，直到冰塊快要浮起即可。冰塊太多超出液面，上層的冰塊只會融水沒有冷卻效果；冰塊太少冷卻效果不佳，攪拌完冰塊也融得差不多了。

Q2：怎樣的攪拌動作才正確呢？

食指中指、無名指小指分別位於兩側夾住匙身，手放在調酒杯中心點正上方，無名指小指推出、食指中指拉回，讓匙背貼著杯壁規律旋轉；將手腕想像成角錐頂端，在推出與拉回的動作中讓匙身的動線就像環繞出一個位於調酒杯上方的角錐。

吧匙握法與攪拌動作

❶ 中指與無名指夾住吧匙匙身，攪拌時只用中指與無名指規律的推出與拉回，盡可能讓匙背貼於杯壁旋轉，大拇指與食指只是輔助。

❷ 攪拌時只用中指與無名指施力，就像畫一個圈，手臂、手腕與手指都不會位移（只會原地左右旋動）。

❸ 假設你是右撇子且習慣以右手拿吧匙，攪拌時試著用左手抓住右手手腕，如果右手會拉著左手移動（反之亦然）、或是手與杯口距離明顯忽近忽遠，都是不能順暢攪拌的現象。

❹ 理想的狀態是以中指與無名指握住匙身的交界點為圓錐頂點，轉動吧匙時就像畫出一個圓錐、錐底以調酒杯底部杯壁為圓形的軌跡，只要吧匙的匙壁一直貼於杯壁，距離成功攪拌就已經相當接近了。

攪拌過程中，手臂、手腕只會在同一個點左右輕旋不會位移；如果攪拌動作不順暢，像是攪一圈會停一下、或到了某個角度會轉不過去，最常見的原因是手指夾太緊，試著放鬆大拇指與食指試試。

吧匙握法：實際施力的只有無名指與中指，其他三指只是輔助。

Q3：應該攪拌多久？

攪拌時間要看冰塊的狀況和材料總量，一開始可以先控制攪拌時間（例如20秒）；判斷成品是否攪拌均勻、水分是否融出過多都需要累積經驗；先熟練攪拌動作、再依成品狀況調整時間，學習攪拌法會比較有效率。

攪拌完成後將隔冰匙覆蓋在調酒杯上、彈簧圈確實卡住杯口，倒出酒液。

調酒杯倒法
一手握住調酒杯，食指壓住隔冰匙倒酒，另一手扶住酒杯底端，避免倒酒過程中酒杯不慎傾倒。

雞尾酒之王與后

本篇將介紹雞尾酒之王──馬丁尼（Martini）與雞尾酒之后──曼哈頓（Manhattan），要調製這兩杯雞尾酒，除了已有的琴酒與波本威士忌，還要入手**香艾酒**與**苦精**這兩種材料。

香艾酒（Vermouth）

　　香艾酒是一種以葡萄酒爲基底，加上烈酒與藥草香料再製的加烈葡萄酒（Fortified Wine），最常見的口味有三種：Dry，Rosso，Bianco。

　　調酒只要先入手Extra Dry與Rosso即可，大部分用到香艾酒的酒譜都可以用它們調製，本書將分別標示不甜香艾酒與甜香艾酒（紅）。台灣買得到的香艾酒以法國與義大利品牌居多，義式的特色是藥草味重、甜度稍微高一些；法式較爲淡雅細緻、以花草、果香爲主要特徵。

　　香艾酒雖然酒精濃度高於一般葡萄酒，開瓶後不需要在1～2周內飲用完畢，但是爲了維持較佳的風味，開瓶後建議放冰箱冷藏，或放在陰涼無日照的地方保存。

義式與法式香艾酒
Dry（Extra Dry）：
口味不甜，顏色爲透明微黃。
Rosso（Rouge）：
帶有甜味，顏色深紅。
Bianco（Blanc）：
帶有甜味，顏色爲透明微黃。

苦精（Bitter）

苦精是一種濃縮的綜合藥草酒，最早用於整腸健胃、幫助消化的醫療功效，但它高酒精度、藥草香氣濃郁的特性，用於調酒不只能整合味道、也能讓香氣層次更加豐富，是許多經典雞尾酒不可或缺的材料。

使用原味苦精的雞尾酒，通常是以威士忌或白蘭地為基酒的雞尾酒，柑橘苦精較常搭配伏特加、琴酒等透明烈酒。用到苦精的雞尾酒很多，建議原味與柑橘苦精各入手一瓶。

抖振（dash）

苦精在酒譜中的用量單位是dash，它指的是抖振一次苦精瓶的量，1dash=1ml，目測大約是3～4滴。如果抖振動作還不熟練，可以微傾苦精瓶用滴的，比較好拿捏用量。

準備好攪拌法工具、基酒、香艾酒與苦精，讓我們開始體驗雞尾酒的王與后吧！

安格式原味苦精＆安格式柑橘苦精

握住苦精瓶頸，倒轉瓶身到調酒杯上方，
灑出苦精後回正瓶身，完成一次抖振。

STIR 1

Martini

馬丁尼

　　既然被稱爲雞尾酒之王，代表馬丁尼是最好喝的雞尾酒嗎？很可惜，不是。第一次喝馬丁尼的反應通常都不太好，高酒精濃度、不甜，口感還有藥草味，不太喝酒的人甚至會覺得苦苦辣辣，完全無法體會它到底王在哪裡。

　　初學者調製、飲用馬丁尼感到挫折是正常的，雖然只有三個材料：琴酒、香艾酒與柑橘苦精，看似簡單卻相當不簡單，選材、冰塊、攪拌技法、比例與裝飾物都會影響風味，加上喝起來不是很輕鬆，也不能一次試很多杯累積經驗（會喝到超級瞎），是杯需要多次練習的雞尾酒。

　　有些馬丁尼的酒譜會標示 Dry Matini 或 Extra Dry Martini，Dry 是什麼意思呢？**越 Dry 代表香艾酒比例越低**。Dry, Medium Dry, Extra Dry 都是點馬丁尼指定的 Dry 度（是不是很像在吃牛排？）至於 Extra Dry 到底有多 Dry？這沒有嚴格的定義，有人認爲 4：1 以上就算、也有人認爲要到 10：1 才算，有些作法甚至只用幾滴香艾酒倒入馬丁尼杯、轉圈讓杯壁附著一層酒液，或是將香艾酒裝在噴霧罐對著成品噴一下，Dry 到這種程度幾乎等於直接喝冰鎮琴酒，還能更 Dry 嗎？可以！據說英國首相邱吉爾總是一邊看著香艾酒瓶，一邊喝琴酒，夠 Dry 吧？

　　不過喝到這麼 Dry，反而失去品飲馬丁尼的樂趣了！即使 Extra Dry 已經是飲用主流，我們還是推薦從 3：1 開始嘗試馬丁尼，好喝的馬丁尼不應該只是追求極 Dry 的口感，從不同品牌組合、各種比例嘗試，找到兩種材料的平衡與融合，是調製這杯酒最大的樂趣！

INGREDIENTS

· 60ml 琴酒
· 20ml 不甜香艾酒
· 1 dash 柑橘苦精

STEP BY STEP

1　將所有材料倒進調酒杯，加入冰塊攪拌均勻。

2　濾掉冰塊，將酒液倒入已冰鎮的馬丁尼杯。

3　噴附檸檬皮油、投入皮捲作為裝飾。

TASTE ANALYSIS

藥草	不甜

高酒精度　馬丁尼杯／先冰杯　攪拌法

醃漬橄欖與馬丁尼

　　馬丁尼的傳統裝飾物還有醃漬橄欖，因為它的浸漬液很油、口味又酸又鹹，橄欖從罐頭取出後要沖洗乾淨再投入酒杯，避免醃漬液影響酒的味道，不過有些人特愛這一味，像是**油漬馬丁尼**（**Dirty Martini**），指的就是不清洗醃漬液，直接將橄欖投入杯中，口味更重的飲酒人，甚至還會加入醃漬液一起攪拌！有些調酒師為了避免客人困擾，會主動詢問馬丁尼的裝飾物要橄欖還是檸檬皮，或是將橄欖放在一旁讓客人決定要不要加入；我覺得偏Dry的馬丁尼適合單純以檸檬皮油調味，香艾酒比例高的馬丁尼，橄欖與酒的味道比較能搭配。

罐裝醃漬橄欖

酒譜延伸

　　將醃漬橄欖換成珍珠洋蔥，這杯就是**吉普森**（**Gibson**）。吉普森據說是位駐歐的美國外交官，滴酒不沾的他為了應付社交場合，總是吩咐服務生用冰水僞裝成馬丁尼，再放入珍珠洋蔥作為標記讓他能順利挑出，其他人不知道也跟著點點看，一喝，嗯⋯⋯跟馬丁尼有90%像。至於珍珠洋蔥吃起來是什麼味道？嗯⋯⋯如果醃漬橄欖已經讓你吃得很中風，千萬不要再試了，相信我。

櫻桃或橄欖通常會以雞尾酒叉（Cocktail Pin）固定，方便飲用者食用。

Manhattan

曼哈頓

　　曼哈頓這杯酒首次出現於文獻是1877年，有一說認爲它的創作者是英國首相邱吉爾之母－珍妮‧傑洛姆（Jennie Jerome），1874年她在總統候選人塞繆爾‧蒂爾登（Samuel Tilden）的競選晚宴調出了這杯酒，但是……當時的她正在歐洲待產，這個故事應該是虛構的。

　　雞尾酒（**Cocktail**）最早出現正式的定義，是在1806年5月13日的平衡與美國知識庫（The Balance and Columbian Repository）這本刊物，當時有人寫信問編輯哈利‧克洛斯威爾（Harry Croswell）什麼是Cocktail，編輯這麼回應：

Stimulating liquor composed of spirits of any kind, sugar, water, and bitters.
（一種刺激性酒精飲料，由任何一種烈酒、糖、水與苦精所組成）

　　19世紀初流行這樣的喝法是有原因的，當時瓶裝酒還未完全普及，美國人喝酒的地方大多是由驛站演變成的小酒館，從酒廠送來的酒通常是整桶的原酒，不只酒精濃度高、酒質不穩定，口感刺激性也很高。

　　爲了讓酒更適飲，有人加糖、有人摻水，也有人放苦精壓味道……乾脆摻在一起作撒尿牛丸吧！準備一顆方糖、灑上苦精、倒入酒再加冰塊攪拌，辣辣的烈酒開始變得好喝，而且這樣喝還很潮呢！一直到了19世紀末，這杯酒終於有了名字——Old Fashioned。

　　曼哈頓很有可能就是從Old Fashioned的喝法演變而來，只是改用甜香艾酒代替糖、以攪拌的融冰代替水。馬丁尼與曼哈頓可說是以『酒＋甜＋水＋苦精』這個定義爲原型，發展出最有名的兩杯雞尾酒，Cocktail也從眾多飲料調製法的其中一種，逐漸成爲雞尾酒的統稱。

　　時至今日，古典的雞尾酒定義或許已被世人所遺忘，但是想讓酒更好喝、更能讓大眾所接受的雞尾酒精神，一直都沒有改變過。

INGREDIENTS

· 60ml 波本威士忌
· 20ml 甜香艾酒（紅）
· 1 dash 原味苦精

STEP BY STEP

1　將所有材料倒進調酒杯，加入冰塊攪拌均勻。
2　濾掉冰塊，將酒液倒入已冰鎮的馬丁尼杯。
3　噴附柳橙皮油、將皮捲投入杯中，以糖漬櫻桃作為裝飾。

TASTE ANALYSIS

| 藥草 | 微甜 |

高酒精度

馬丁尼杯／先冰杯

攪拌法

裸麥威士忌 Rye Whiskey

　　雞尾酒文化發展於美國，許多以威士忌為基酒的酒譜都是使用波本威士忌，除了波本，美國還有另一種很常用於調酒的裸麥威士忌（Rye Whiskey）。

　　最早的美國威士忌由蘇格蘭與愛爾蘭移民引進美國東北，一開始是以裸麥為原料製作，因為成本低廉很快就大受歡迎，到了18世紀末，美國聯邦政府因為財政困難決定對威士忌課重稅，進而引發抗稅的威士忌叛亂（Whiskey Rebellion），事件過後許多業者轉移陣地，在肯塔基州等地改以玉米混合其他穀物製作威士忌，成為波本威士忌的起源。

　　美國禁酒令時期（1920～1933）大部分酒廠被迫關閉，只留下少數幾間合法生產藥物用途的威士忌酒廠，禁酒令結束後裸麥威士忌榮景不再，此時以玉米為原料、成本較低的波本威士忌酒成為主流，許多原本使用裸麥威士忌的雞尾酒酒譜，也漸漸被波本所取代。

有趣的是，近年來飲酒市場吹起復古風，有越來越多酒廠開始生產裸麥威士忌，最近也有少數品牌引進台灣，將它列為第二瓶入手的威士忌吧！

波本與裸麥威士忌最主要的差異是什麼呢？波本的香氣偏甜、裸麥的香氣偏酸，加冰塊或是調製雞尾酒，波本會釋出明顯的甜味；裸麥能維持清爽不甜的口感。我覺得以曼哈頓這杯酒來說，以複雜度較低的裸麥調製更能完美的與香艾酒搭配，但酸味調酒或Highball雞尾酒，用波本比較能展現威士忌的特色。

野火雞（Wild Turkey）的波本與裸麥威士忌

Blend

霜凍調酒 · 混合法

混合法（Blend）需要準備果汁機，將所有材料與冰塊倒入果汁機，啓動開關將內容物打勻至冰沙狀後倒出，以混合法調製的雞尾酒被稱爲霜凍雞尾酒。

霜凍雞尾酒 Frozen Cocktail

混合法使用果汁機將材料與冰塊打勻至冰沙狀態，這種形式的雞尾酒稱爲霜凍，例如：將瑪格麗特以混合法調製，就是霜凍瑪格麗特（Frozen Margarita），不是每種雞尾酒都適合調霜凍，通常以酸味果汁、熱帶水果風味的雞尾酒爲主。要打出成功的霜凍，首先要有一台**厲害的果汁機**，接著是找到最剛好的冰塊用量。不濟事的果汁機無法打出綿密細緻的冰沙，口感會一顆一粒非常失敗。冰塊太多口感會很稀而且很難打勻、太少打完冰沙與液體會直接分層；調一杯霜凍需要的冰塊**可以用要裝酒的杯具量取，冰塊裝到略高於杯口，加上其他材料打完就會剛好滿杯。**

同樣是一杯瑪格麗特，如果要調製霜凍版，酸與甜的份量就要下重一些，因爲材料大部分是冰塊，酸甜味不夠喝起來會很稀迷。混合法還有個厲害的地方是，它能將一些不容易榨汁的水果打勻後，將風味融進成品中，像是鳳梨、蔓越莓、覆盆子、奇異果、藍莓、草莓……這種將新鮮水果打進霜凍的作法相當受歡迎，天氣熱時來一杯，坐著也會高潮呢～（我是說情緒）

如果有用到新鮮水果，可以將酒和水果先打一輪，再放入冰塊打第二輪，因為水果與冰塊混在一起打很容易卡卡，有些果汁機上端會附攪拌棒，機器一邊運轉一邊用它戳戳樂，打霜凍更加得心應手！

霜凍要打多久？剛開始的聲音是喀喀喀喀喀，隨著顆粒變小會開始茲茲茲茲茲，等到材料越來越綿密、規律的嘰嘰嘰嘰嘰時就可以停了。成功的霜凍剛倒出時不會有液體，也不會有碎冰粒在裡面。如果一倒出來就分層，代表冰塊放太少，如果有碎冰粒代表沒打勻，如果打很久還是有碎冰粒，呃……那就是果汁機太廢了，換一台吧。

準備好果汁機，讓我們開始調製霜凍雞尾酒～

量取冰塊
以家用製冰盒的小冰塊裝約12分滿的冰塊。

以攪拌棒輔助
機器運轉時大顆的冰塊可能會卡在刀片上方打不到，用攪拌棒可以將它們往下戳。

Frozen Margarita

霜凍瑪格麗特

　　根據統計，瑪格麗特是美國最常被點的一杯雞尾酒，但它經常以不同的變化呈現，像是加入各種水果或香甜酒增添風味，以霜凍調製更是大受歡迎，不僅大大降低酒精刺激性，酸甜、冰涼的口感總是讓人不小心就多喝了幾杯。

　　馬里安諾‧馬丁尼茲（Mariano Martinez）出生於德州達拉斯，1971年他開了間墨西哥餐廳，店裡原先用果汁機打霜凍瑪格麗特，但客人需求量太大，一杯一杯打經常讓客人等到發飆，到後來調酒師根本來不及準確量取材料，有時就看心情下料亂調，客人也開始抱怨每次喝到的味道都不太一樣。

　　有一次馬丁尼茲逛7-11時發現思樂冰機，轉呀轉的持續供應冰沙飲料，不但品質穩定還不用領薪水，但7-11怎麼可能把這台搖錢樹賣給他呢？於是馬丁尼茲決定自行山寨……啊不是，是研發啦～但他發現酒精濃度高達40％的龍舌蘭，用思樂冰機根本無法結凍啊～還好，他有一位名為約翰‧霍根（John Hogan）的化學家朋友，透過改良冰淇淋機製作出能夠調製霜凍瑪格麗特的機器，結合馬丁尼茲的秘傳酒譜，預先將材料以精準的比例放入，調酒師叫你阿嬤來也是一樣，因為它只要一個動作：扳下開關，好喝的霜凍瑪格麗特就這樣流～粗～乃～了～，很快的各種山寨機開始生產，霜凍瑪格麗特也開始風行全美，成為許多餐廳的酒單必備。2005年馬丁尼茲將這台機器捐出，現今存放於美國國家歷史博物館，有去參觀的話別忘了看看這台霜凍瑪格麗特初號機唷！

INGREDIENTS

· 60ml 龍舌蘭
· 30ml 君度橙酒
· 45ml 檸檬汁
· 25ml 純糖漿

STEP BY STEP

1　將所有材料倒進果汁機，加入適量冰塊。
2　打勻所有材料，倒入瑪格麗特杯。
3　以檸檬片作為裝飾，附上兩根短吸管。

TASTE ANALYSIS

| 酸甜 | 柑橘 |

中低酒精度　　瑪格麗特杯　　混合法

PaPa Doble

雙倍老爸

大文豪海明威有一句名言是這麼說的："My mojito in La Bodeguita，my daiquiri in El Floridita"（我在 Bodeguita 喝 Mojito，在 Floridita 喝 Daiquiri）。Bodeguita 與 Floridita 是兩間位於古巴的知名餐酒館，因爲海明威這句話，每年吸引不少醉漢觀光客前往朝聖，其中 Floridita 不僅把這句話和他的簽名當成招牌高掛，吧台上還有海明威的雕像，讓客人坐在一旁和他喝酒拍照。（雙手比 YA）

1918 年，古巴傳奇調酒師君士坦丁（Constantino）頂下原本工作的 Floridita，自己當老闆，他以精心調製的霜凍黛綺莉打響名號，讓 Floridita 有了 "La Cuna del Daiquiri" 之稱（意爲黛綺莉搖籃）。有一次海明威來這裡借廁所尿尿，尿完後有個空檔，想說不然喝一下這裡的霜凍黛綺莉好了，喝完後他覺得……嗯……還算不錯喝，但隨即要求一杯無糖、蘭姆酒放兩倍的版本（叔叔有練過，小朋友不要學），從此這杯酒就變成海明威的專屬特調，據說他一個晚上可以喝上十來杯，喝不夠還會用水壺外帶，是個相當沒有明天的喝法。不過無糖又 Double 酒只有重型醉漢能喝，一般人很難接受，後來 Floridita 加入少量的瑪拉斯奇諾酒（詳見 P119）與葡萄柚汁，稱之爲**海明威黛綺莉（Hemingway Daiquiri）**，而原本放了雙倍蘭姆酒的版本就被稱爲 PaPa Doble，這是因爲個性率直、長居古巴的海明威很受當地人歡迎，大家都以 PaPa 稱呼他。這個酒譜沒有糖漿，只有少量香甜酒提供甜度……如果口味沒有海明威這麼威、酒量不像 PaPa 這麼猛，建議補一些糖漿、酌減蘭姆酒用量會更受歡迎唷！

INGREDIENTS

· 90ml 蘭姆酒
· 15ml 瑪拉斯奇諾
· 30ml 檸檬汁
· 45ml 葡萄柚汁

TASTE ANALYSIS

酸甜	柑橘	櫻桃

中低酒精度

古典杯

混合法

STEP BY STEP

1　將所有材料倒進果汁機，加入適量冰塊。
2　打勻所有材料，倒入古典杯。
3　以檸檬片作爲裝飾，附上兩根短吸管。

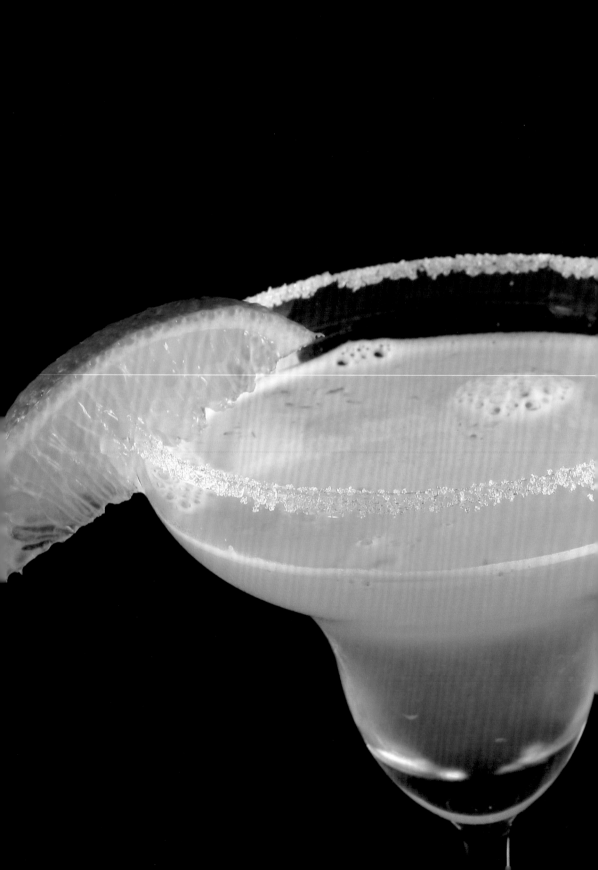

4

Liqueur & Cocktail

經典名酒與雞尾酒

想調製更多類型、風味更廣的雞尾酒嗎？如果已經備齊各大基酒與常用材料，下一步就是要挑選幾款香甜酒了！第四個單元我們精選十五瓶知名的香甜酒，先介紹它們的起源與特色，再用它們調製幾杯經典的雞尾酒。

本單元每瓶香甜酒都會介紹『超簡派』喝法，因為調一杯酒只會用到一點點的香甜酒，要如何消耗存酒經常讓調酒人感到苦惱……超簡派只要加入副材料就能輕鬆調製，不只好喝、好調、消得快，就算不太能喝酒的朋友都能輕鬆接受！

Disaronno

迪莎蘿娜

—— 愛情釀的酒 ——

納迪諾‧盧伊尼的畫作──
聖母與聖嬰。

　　杏仁酒（Amaretto）一詞源自義大利文：Amara（苦）Amore（愛情），讓這種酒增添了一絲浪漫的色彩，其中最有名、以杏仁酒起源自居的品牌就是迪莎蘿娜。

　　1524年文藝復興時期，達文西的弟子—伯納迪諾‧盧伊尼（Bernardino Luini）受託在義大利莎蘿娜（Saronno）的教堂繪製壁畫，獨身在外的他見到投宿旅館的老闆娘驚為天人，年輕人就是年輕人太衝動就掏出ㄌ他的那一根……畫筆，以這位美麗寡婦的容貌畫出聖母瑪利亞，畫著畫著兩人乾柴烈火、天搖地動，女方就獻出ㄌ她的……心意—用杏桃果仁與香料調和白蘭地，製作一瓶酒送給男方傾訴衷情，也就是杏仁香甜酒的原型。

　　後來以這種方式製酒開始流行起來，大概跟現在情人節要送巧克力一樣潮，根據酒廠的說法，雷納（Reina）家族取得了寡婦原始的配方，嚴守秘密一代傳一代，一直到了1900年，家族成員在莎蘿娜開店，這瓶酒才開始進行商業性的販售。

　　Disaronno的名字是怎麼來的呢？這瓶酒最早的名字是Amaretto di Saronno（意思是莎蘿娜的杏仁酒），但它實在太受歡迎太知名、幾乎成為杏仁酒的代名詞，於是酒廠就將酒名改為Disaronno，並在酒名底下標註Originale表示其正統。

超簡派喝法

鮮奶、柳橙汁、蔓越莓汁、濃縮咖啡、薑汁汽水、雪碧、可口可樂等飲料，都很適合直接調和迪莎蘿娜飲用，以迪莎蘿娜為基酒調製的Sour酒也相當受歡迎。

Godfather

教父

電影教父（The Godfather）中飾演教父維托·柯里昂的美國演員—馬龍·白蘭度（Marlon Brando），據說他最喜歡的雞尾酒就是教父雞尾酒。（怎麼好像在繞口令？）

原始的教父酒譜是用蘇格蘭調和威士忌，兩種材料比例相當隨意，喜歡甜一點、杏仁味重一點、酒精濃度低一點，就酌增杏仁香甜酒，反之亦然。

電影《教父》劇照

INGREDIENTS
· 60ml 蘇格蘭調和威士忌
· 20ml 迪莎蘿娜

STEP BY STEP
古典杯裝入冰塊，將兩種材料倒入後，攪拌均勻即可飲用。

TASTE ANALYSIS

| 微甜 | 杏仁 |

高酒精度　　古典杯　　直調法

DISARONNO 2

Godmother

教母

　　以相對無色無味的伏特加為基酒，讓教母喝起來就像酒精濃度升高、甜度降低的杏仁香甜酒，如果不喜歡白蘭地與威士忌的桶味，又想喝高酒精濃度的杏仁口味，教母會是一杯不錯的選擇！

INGREDIENTS
· 60ml 伏特加
· 20ml 迪莎蘿娜

STEP BY STEP
古典杯裝入冰塊，將兩種材料倒入後，攪拌均勻即可飲用。

TASTE ANALYSIS

| 微甜 | 杏仁 |

高酒精度　　古典杯　　直調法

French Connection

法蘭西集團

　　1970年代，海洛因的半成品送到法國後，會先透過法國黑幫進行加工精煉出海洛因，再送到北美與美國黑幫進行交易，其中以馬賽的產量最大、純度最高，佔據北美大部分的海洛因市場，而這整個交易系統就被稱為French Connection。

　　想多瞭解關於French Connection的歷史背景，有兩部電影推薦一看。第一部是1971年由金·哈克曼（Gene Hackman）主演的霹靂神探，它是好萊塢第一部拍出市區內飛車追逐的電影，玩命關頭系列看到它也要叫聲阿公。第二部是2014年的法國緝毒風雲（La French），它以法國傳奇法官──皮耶·米歇爾（Pierre Michel）為主角，敘述他生前如何打擊這個犯罪網絡的故事。

　　這杯酒為什麼要叫做French Connection呢？我想大概是因為它以法國產的干邑白蘭地為基酒，而且……柯南不是說氰化物這種毒物聞起來有杏仁的味道嗎？

《霹靂神探》電影劇照

INGREDIENTS

· 60ml 干邑白蘭地
· 20ml 迪莎蘿娜

STEP BY STEP

古典杯裝入冰塊，將兩種材料倒入後，攪拌均勻即可飲用。

TASTE ANALYSIS

微甜	杏仁

 高酒精度　 古典杯　 直調法

Campari

肯巴利

── 苦的雋永，甜的深邃 ──

Gaspare Campari

　　肯巴利（**Campari**）的酒名源自它的創始人：加斯帕雷・肯巴利（Gaspare Campari）。1842年，年僅14歲的肯巴利在義大利西北部的諾瓦拉當服務生，雖然年紀只有中二，但觀察力入微的他從客人飲酒偏好累積經驗，下班回家就DIY釀酒，果然皇天不負飲酒人，最後他用了六十餘種的藥材、香料與水果，製作出這瓶鮮紅、帶有苦味與甜味的開胃酒，最早被稱爲『荷蘭式苦酒』。

　　1860年代，肯巴利在米蘭大教堂旁開了間酒館，選這個店面眼光相當精準，因爲那邊最多的就是觀光客跟文青，他們什麼不會拍照打卡最會，這瓶開胃酒就這樣帶起飲用狂潮，隨後改以創始人的姓氏命名爲Campari，至今已是外銷近200國、年銷量近300萬瓶的經典香甜酒。

　　肯巴利的介紹聽起來很厲害，但有許多人第一次喝到會覺得很中風⋯⋯怎麼會有這麼苦、這麼甜、藥草味又這麼重的酒？這到底是什麼鬼R？（國劇甩頭）

　　如果一喝肯巴利就瘋狂愛上它，只能說你天生就是個學（喝）調酒的奇才，因爲有很多經典雞尾酒會用到它，而且通常不是酸酸甜甜、好喝沒有酒味的少女模式，而是酒精濃度高、偏苦偏甜的硬漢雞尾酒。

超簡派喝法

　　官方推薦的超簡派喝法，有加柳橙汁、葡萄柚汁、蘇打水、通寧水，其中通寧水與葡萄柚汁和肯巴利的搭配是天作之合中的天作之合，如果把這三種材料結合在一起，就是接著要介紹的雞尾酒：泡泡雞尾酒（Spumoni）。

Spumoni

泡泡雞尾酒

　　肯巴利、葡萄柚與通寧水這三種材料，共通的特性就是『苦』與『甜』，因此這杯酒只要比例不要太離譜，怎麼調都只有『好喝』與『超好喝』兩種差別。

　　泡泡要調得好喝有兩個訣竅：**葡萄柚汁要現榨、通寧水要預先冰鎮**，台灣市售的罐裝葡萄柚汁大部份不是純葡萄柚汁，而是混合其他水果的綜合果汁，不但味道不像葡萄柚，口味不夠苦、不夠酸，也無法與肯巴利完美搭配，所以⋯⋯自己動手榨吧～

　　泡泡是肯巴利調酒中口味相當大眾化的一杯、很推薦給首次接觸肯巴利的人飲用，酸酸、甜甜、苦苦巧妙平衡、微氣泡口感，雖然不是常見的飲料口味，卻是相當耐喝、風味豐富的優質雞尾酒！

　　這杯酒用的杯具為什麼稱為颶風杯？美國沿岸地區深受颶風所苦，早期的煤油燈很難抵禦強風，後來逐漸發展出一種可以調整進氣、不易被吹熄的颶風燈，颶風杯的設計就像颶風燈中心的玻璃罩，因此得名。

INGREDIENTS

· 60ml 肯巴利苦酒
· 120ml 葡萄柚汁
· 適量 通寧水

STEP BY STEP

1　將前兩種材料倒進雪克杯，加入冰塊搖盪均勻。

2　將酒液連同冰塊倒入颶風杯，預留約1/5的空間。

3　補滿通寧水並稍加攪拌，以葡萄柚皮捲作為裝飾。

TASTE ANALYSIS

酸甜	微苦	葡萄柚

藥草	氣泡

 低酒精度　　 颶風杯　　 搖盪法

※推薦以紅肉葡萄柚汁調製這杯酒。

Negroni

內格羅尼

話說加斯帕雷是如何在米蘭推廣肯巴利呢？他將肯巴利與甜香艾酒以1：1的比例攪拌均勻，再加入少許蘇打水飲用，降低肯巴利的苦甜味，讓一般大眾也能輕鬆享受，因為用了來自米蘭的Campari以及托里諾的琴夏洛（Cinzano）香艾酒，所以這杯酒一開始被稱為Milano-Torino。

到了20世紀初，義大利人發現美國人對這杯酒有異常偏好，呷好道相報一個介紹一個，好像到米蘭就是要喝這杯才夠潮，如果那時候有FB的話狀態大概就是在喝紅紅的飲料♥，就連海明威也是粉絲之一，最後這杯酒的本名漸漸被人淡忘，大家改以**美國佬（Americano）**稱呼它。

內格羅尼則是誕生於1919年，創作者是佛羅倫斯卡索尼（Casoni）酒吧的調酒師—弗斯科‧斯卡爾塞利（Fosco Scarselli），這杯是他特別為一位常客調製、並以客人的名字為名的雞尾酒。這位Negroni喝到這杯Negroni驚為天人被嚇了好大一跳跳，它就像以琴酒替代蘇打水的美國佬，但……怎麼可以這麼濃！醇！香！~~根本是調酒界的林鳳營~~真正的紳士就應該喝這杯酒，美國佬那種稀稀的東西成何體統！像話嗎？

INGREDIENTS

· 30ml 琴酒
· 30ml 甜香艾酒（紅）
· 30ml 肯巴利苦酒

STEP BY STEP

1　將所有材料倒進調酒杯，加入冰塊攪拌均勻。

2　濾掉冰塊，將酒液倒入已放有冰塊的古典杯。

3　噴附柳橙皮油、投入皮捲作為裝飾。

TASTE ANALYSIS

甜	苦	藥草	柑橘

高酒精度

古典杯

攪拌法

Negroni受歡迎到什麼程度？後續甚至發展出瓶裝、已經預調完成的Negroni酒，酒商還用了這樣的廣告詞：

"Negroni. The bitters are excellent for your liver, the gin is bad for you. They balance each other."
（『苦酒顧肝、琴酒傷身，那就喝內格羅尼平衡一下吧！』）

琴酒有藥草味、香艾酒有藥草味、肯巴利也有藥草味，而且……三種材料都是酒，第一次喝到內格羅尼就喜歡確實有點困難，但學（喝）調酒一段時間後，再重新調製、品嚐這杯酒，發現它魅力所在、瘋狂愛上它的人有很多，『驀然回首，那杯卻在燈火闌珊處』可說是它最好的註解。

從2013年開始，知名酒類刊物Imbibe Magazine與肯巴利合作舉辦一個全球性的活動：**內格羅尼週**（**Negroni Week**），參與這個活動的酒吧會將部份收益捐作慈善用途，台灣的酒吧也從2016年開始參與，喜歡內格羅尼的話不妨多留意相關訊息！

美國佬雞尾酒
肯巴利與香艾酒以1：1攪拌均勻，再加入少許蘇打水。

市售已預調完成的瓶裝內格羅尼
雞尾酒，加冰就能喝。

Boulevardier

花花公子

　　1920年美國開始實施禁酒令，許多美國調酒師被迫前往歐洲工作，前文白色佳人的創作者麥克馮也是其中一位，花花公子這杯酒就是他以客人為發想的創作，那……這位花花公子指的是誰呢？答案是他店裡的常客—厄斯金・格溫（Erskine Gwynne），他是位作家、編輯，也是位上流社會人物來著～

　　花花公子與內格羅尼其實只有基酒不一樣，如果將波本威士忌換成裸麥威士忌、香艾酒換成不甜香艾酒，這杯酒就變成老朋友（Old Pal）。

　　還記得曼哈頓嗎？『波本威士忌＋甜香艾酒＋苦精』，花花公子是不是很像將苦精替換為肯巴利、但是用量提高很多的作法呢？當美國調酒師到了歐洲發現肯巴利這項陌生的材料，將它與自己熟悉的波本與裸麥結合也是相當合理的。

　　內格羅尼、花花公子與老朋友材料比例都是1：1：1，如果基酒或香艾酒風味不夠強烈，成品很容易都是肯巴利的味道，試著降低肯巴利的用量例如2：2：1，或是選用風味較強烈的品牌試試看。

INGREDIENTS

· 30ml 波本威士忌
· 30ml 肯巴利苦酒
· 30ml 甜香艾酒（紅）

STEP BY STEP

1　將所有材料倒進調酒杯，加入冰塊攪拌均勻。
2　濾掉冰塊，將酒液倒入已冰鎮的馬丁尼杯。
3　噴附柳橙皮油、投入皮捲作為裝飾。

TASTE ANALYSIS

甜	苦	藥草	柑橘

高酒精度

馬丁尼杯

攪拌法

Maraschino

瑪拉斯奇諾

—— 經典櫻桃風味 ——

　　瑪拉斯奇諾（**Maraschino**）的酒名源自它的原料：Marasca櫻桃。16世紀時位於現今克羅埃西亞扎達爾市的修道院，就有僧侶用這種櫻桃製作藥草酒，最早稱爲Rosolj，18世紀經科學家改良製作過程，將這種偏酸、直接吃並不好吃的櫻桃，製作成香甜濃郁、滋味豐富的黑櫻桃酒，並以Maraschino稱之。

　　扎達爾市由於盛產Marasca櫻桃，就這樣成爲生產Maraschino的重鎮，其中又以吉羅拉莫‧勒薩多（Girolamo Luxardo）在1821年建立的酒廠最爲有名，但第二次世界大戰後酒廠被摧毀殆盡，勒薩多家族就在義大利的托雷利亞重起爐灶，用自家栽培的櫻桃園繼續生產這瓶酒。

勒薩多酒廠也有推出自家櫻桃製作的糖漬櫻桃，雖然顏色不如色素櫻桃鮮艷，但它的味道新鮮自然、濃郁香甜相當適合用於雞尾酒。

　　因爲勒薩多的Maraschino實在是太有名了，幾乎可說是Maraschino的代名詞，當酒譜標示Maraschino（或是黑櫻桃酒）這項材料，不做他想、沒有之一，就是用這瓶就對了！

超簡派喝法

　　一般的櫻桃香甜酒是用中性酒精浸泡櫻桃汁或香料製作，但瑪拉斯奇諾是用黑櫻桃經過發酵、蒸餾、陳年等程序製作，從櫻桃採收到裝瓶需要四年，只要加點冰塊降低甜度，就可以享受原汁原味的櫻桃風味～
　　超簡派建議加蘇打水、通寧水、柳橙汁或葡萄柚汁飲用，或是少量加在咖啡中。它也很常用於製作甜點、冰淇淋，是瓶運用相當廣泛的香甜酒。

Martinez

馬丁尼茲

傑瑞‧托馬斯（Jerry Thomas）於1862年出版了調酒師指南（Bar-Tender's Guide）一書，彙整了半世紀累積的調酒作法、酒譜與材料介紹，是歷史上第一本結合調酒知識與實務的書籍，對雞尾酒文化發展的影響深遠，因此他被尊稱爲美國調酒之父，或是"Professor" Jerry Thomas。

托馬斯出生於紐約，年輕時在康乃狄克州的紐哈芬市學習調酒，後來隨著淘金熱移居到加州擔任調酒師，有種說法認爲馬丁尼茲就是他爲了前往馬丁尼茲（當時的淘金重鎮）的淘金客所調製的一杯酒。當時有位覺得自己即將發財的淘金客，在酒吧想開瓶香檳提前慶祝，因爲店內沒有香檳，調酒師就告訴他『我們這裡有比香檳更厲害的東西唷』，隨即以城市爲名端出一杯**馬丁尼茲特調**，這一喝傳千里，馬丁尼茲成爲加州特產，就像到高雄要喝木瓜牛乳，到加州就是要喝馬丁尼茲。後來托馬斯將它收錄於1887年的著作，讓很多人認爲他是馬丁尼茲的創作者，事實上這杯酒有更早的文獻記載，托馬斯很有可能是因爲名氣響亮，就這樣沾了馬丁尼茲的光～

傑瑞・托馬斯

150 年前，托馬斯就在吧台調製他的創作——藍色火焰：燃燒的酒液從一個杯子倒入另一個杯子，這種帶有表演性質的雞尾酒可能是歷史上最早的花式調酒。

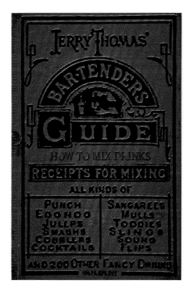

傑瑞・托馬斯 1862 年的著作

馬丁尼茲原始酒譜是用老湯姆琴酒（Old Tom Gin），這是一種甜度很高的琴酒，在烈酒製作技術還不是那麼精良的年代，高甜度的口味可以掩蓋酒精的刺激性，但現在調製馬丁尼茲大多用不甜的英式倫敦琴酒，甜度會較為適中。

INGREDIENTS

· 30ml 琴酒
· 60ml 甜香艾酒（紅）
· 1dash 柑橘苦精
· 1tsp 瑪拉斯奇諾

STEP BY STEP

1　將所有材料倒進調酒杯，加入冰塊攪拌均勻。

2　濾掉冰塊，將酒液倒入已冰鎮的馬丁尼杯。

3　噴附柳橙皮油、將皮捲投入杯中，以糖漬櫻桃作為裝飾。

TASTE ANALYSIS

| 微甜 | 柑橘 | 藥草 | 櫻桃 |

中高酒精度　　馬丁尼杯／先冰杯　　攪拌法

Mary Pickford

瑪麗 · 畢克馥

　　瑪麗・畢克馥（Mary Pickford）是加拿大裔的好萊塢女星，有著『美國甜心』的稱號。深受美國民眾歡迎的她又被稱爲『小瑪麗』，因爲她的外表看起來比實際年齡年輕很多，到三十幾歲還可以演小孩你敢信？1929年她獲得第二屆奧斯卡最佳女主角獎，1976年獲得奧斯卡終身成就獎，1999年被美國電影學會評選爲百年來最偉大女演員第24名，演而優則導的她還身兼編劇與製片，對電影界的影響極其深遠。

　　美國禁酒令期間在國內無法公然飲酒作樂，古巴的哈瓦那就這樣成爲美國人出國渡（ㄒㄩˋ）假（ㄐㄧㄡˋ）的聖地之一，當時瑪麗與夫婿以及卓別林前往古巴拍攝電影，在塞維利亞-比爾特摩飯店（Sevilla-Biltmore）的酒吧喝酒，由調酒師弗瑞德・考夫曼（Fred Kaufman）以她爲名創作了這杯雞尾酒。

　　這杯酒的原始酒譜只有2/3的鳳梨汁與1/3的蘭姆酒、再加上少許紅石榴糖漿，1930年克拉多克將蘭姆酒與鳳梨汁比例拉近，再以少許瑪拉斯奇諾增添風味，成爲現今通行的Mary Pickford酒譜，想感受一下美國甜心的不凡魅力嗎？一定要用新鮮鳳梨汁調製這杯酒唷～

INGREDIENTS

· 60ml 蘭姆酒
· 45ml 鳳梨汁
· 10ml 紅石榴糖漿
· 1tsp 瑪拉斯奇諾

STEP BY STEP

1　將所有材料倒進進雪克杯，加入冰塊搖盪均勻。
2　濾掉冰塊，將酒液倒入已冰鎮的馬丁尼杯。
3　投入糖漬櫻桃作為裝飾。

TASTE ANALYSIS

| 微酸甜 | 莓果 | 鳳梨 | 櫻桃 |

中酒精度

馬丁尼杯／先冰杯

搖盪法

Aviation

飛行

　　飛行的創作者是德裔調酒師──雨果・安斯林（Hugo Ensslin），他任職於紐約時代廣場的瓦利克飯店（Wallick Hotel），他在1916年的著作混合飲料調製法（Recipes for Mixed Drinks）中收錄了飛行這杯酒，幾年後禁酒令通過全國施行，安斯林的著作就成爲禁酒令前最後一本出版的調酒書。

雨果・安斯林

INGREDIENTS

· 60ml 琴酒
· 15ml 檸檬汁
· 1tsp 瑪拉斯奇諾
· 1tsp 紫羅蘭香甜酒

STEP BY STEP

1　將所有材料倒進雪克杯，加入冰塊搖盪均勻。

2　濾掉冰塊，將酒液倒入已冰鎮的馬丁尼杯。

TASTE ANALYSIS

酸甜	藥草	花果	櫻桃

中高酒精度　　馬丁尼杯／先冰杯　　搖盪法

前文多次提到的克拉多克是一位對雞尾酒發展影響深遠的調酒師，禁酒令實施後他旅居英國倫敦，在薩伏伊飯店酒吧工作之餘也致力於推廣調酒，他的薩伏伊雞尾酒全書從1930年至今仍持續再版，現在通用的飛行酒譜一樣是源自這本書，但是他的酒譜並沒有用到紫羅蘭酒，這是怎麼一回事呢？幾年前，雞尾酒學家大衛·汪卓瑞克（David Wondrich）在eBay與人競標混合飲料調製法的古董書，因為沒什麼人要搶，他就以很低的價格得標了。根據他的自述，當他收到書、翻到第七頁時震驚到久久不能自己，連書都拿不穩差點掉進午餐的湯裡！（有沒有那麼誇張？）

原來一直被認為由克拉多克創作的飛行雞尾酒，早在1916年安斯林的著作中就出現了！而且酒譜還有紫羅蘭酒這項材料！可能是因為紫羅蘭酒冷門、用途少、品牌選擇不多，克拉多克才會捨棄它。禁酒令結束後，新一代的調酒師就以大師的酒譜為依據，用琴酒＋黑櫻桃酒＋檸檬汁的組合調製飛行。

為什麼這杯酒叫做Aviation呢？它誕生於二十世紀初，當時萊特兄弟剛發明飛機，世界各地都跟著投入研究，在這個航空史的黃金時期人們為了飛上天而努力著，或許這杯酒就是在向這樣的精神致意吧！近一個世紀後，紫羅蘭酒重新滴入Aviation暈開一抹淡淡的藍，是不是就很像當時人們嚮往的天際呢？（宣佈破案）

購買紫羅蘭酒前請先確認成份標示，有些品牌的紫羅蘭酒，『紫羅蘭』只是口味名稱，成份中並未含有紫羅蘭。如果只是為了顏色不妨湊合著用，因為真的紫羅蘭酒不是很貴、很難找，就是又貴又難找。

Chartreuse

夏特勒茲

—— 藥草酒之王 ——

夏特勒茲（**Chartreuse**）有著藥草酒之王的封號，它起源於1605年法國元帥François-Annibal d'Estrées（這個名字我放棄翻譯ㄌ）的鍊金術手稿，原本是調製長生不老藥的秘方，輾轉流入Grande Chartreuse修道院（位於法國阿爾卑斯山），1737年，由Frère Jérôme Maubec重新調整配方，製作出醫療用途的藥酒。

1764年，修道院以Green Chartreuse為名開始對外販售這瓶酒，法國大革命期間修道士被驅離法國，夏特勒茲面臨停產。拿破崙執政後將酒廠收歸國有，並要求修道士交出製作配方給國家，但這配方讓帝國科學家有看沒有懂，怎麼做都無法重現那個味道，於是只好放棄，後來修道院又於1838年製作出較清淡、更適合純飲的Yellow Chartreuse。

20世紀初修道士又被驅逐，製酒設備被沒收的他們只好逃到西班牙繼續生產。1927年有商人買下修道院，試圖山寨夏特勒茲，但他們根本不知道配方只能亂搞，很快就因為銷售慘淡宣告破產，當地人於是合作將酒廠買下，還給修道士。現今的酒廠於1935年重建，二戰後驅逐令解除，修道院才得以合法生產夏特勒茲。

夏特勒茲的完整配方只有兩個修道士知道，他們甚至不能搭乘同一台交通工具，酒的原料含有百餘種香料與藥材，是少數仍由修道院生產的藥草酒，釀製過程神秘、配方更是不為外人所知，除了用於純飲，也是經典雞尾酒必備的材料。

知名導演昆汀·塔倫提諾在他的電影—**不死殺陣 (Death Proof)** 客串一角，第一幕就在酒吧高舉這杯酒說："Chartreuse, the only liqueur so good they named a color after it." 夏特勒茲是唯一，好喝到有一種顏色以它命名的酒（Chartreuse有黃綠色的意思）

舉杯，細細地品味藥草酒之王的魅力吧！

超簡派喝法

夏特勒茲最搭的超簡派喝法就是加通寧水，其他像是薑汁汽水、柳橙汁也很推薦，飲用咖啡或熱巧克力也可以少量添加，除了提高甜度，也能讓香氣更加豐富！
如果能接受高酒精濃度與高甜度的口感，一定要純飲夏特勒茲試試看，它入喉後藥草香氣會在口腔持續很長的時間。

CHARTREUSE 1

Alaska

阿拉斯加

『阿拉斯加，一杯就瞎。』這杯酒是酒精濃度最高的一杯經典雞尾酒，40％以上的琴酒搭配40％的夏特勒茲，而且還用攪拌法調製！是比一般烈酒還烈的酒精濃度，如果酒量不好，大概喝半杯就會開始鬧事～阿拉斯加這杯酒最早的文獻記載，又～是～克拉多克的薩伏伊雞尾酒全書，他還特別在書中強調這杯酒不是來自美國最西北的阿拉斯加，而是位於東南方的南卡羅來納州。

阿拉斯加這杯酒的命名真是再貼切也不過，外觀看起來什麼都沒有就像冰原一望無際，一喝下去，強烈酒精感與藥草香氣就像暴風雪在口中刮起，喝個幾杯明天還會出現記憶裂痕，就像靄靄白雪，一片空白。

這杯酒原始酒譜用的是黃色夏特勒茲，改用綠色調製就是綠色阿拉斯加（Green Alaska）。建議初學者先入手綠色夏特勒茲，如果是用到黃色的酒譜，先用綠色代替也無妨，等綠色用的差不多了，再入手黃色試試看吧！

※基礎款夏特勒茲有黃綠兩色，綠色酒精濃度55％、甜度稍低、藥草味強烈鮮明，口感略為刺激；黃色酒精濃度40％、甜度稍高、氣味溫潤香甜，口感較為柔和。

INGREDIENTS

· 75ml 琴酒

· 15ml 夏特勒茲（黃）

· 1dash 柑橘苦精

STEP BY STEP

1　將所有材料倒進調酒杯，加入冰塊攪拌均勻。

2　濾掉冰塊，將酒液倒入已冰鎮的馬丁尼杯。

3　噴附檸檬皮油，投入皮捲作為裝飾。

TASTE ANALYSIS

微甜	藥草	柑橘

極高酒精度

馬丁尼杯／先冰杯

攪拌法

Bijou

寶石

普施咖啡（Pousse-café）是利用各種材料比重不同的原理，依比重由大至小依序倒入杯中製作的分層分色飲品，雖然名爲咖啡但它的內容物其實沒有咖啡，會有這個名字是因爲它起源於喝完咖啡後，用於平衡口中酸苦味的甜味飲品，Pousse有『推』的意思，好像要將剛剛喝下的咖啡推下食道這樣。

寶石雞尾酒約莫誕生於19世紀末的紐奧良，最早就是以普施咖啡的型態出現，三層的顏色分別象徵了紅寶石、祖母綠以及鑽石，並以法文的寶石—Bijou稱之。對了Bijou唸成逼～ㄒㄩ～除了甯啾又學到了一個法語呢！

目前通行的寶石酒譜首次出現於1900年哈利・強森（Harry Johnson）的著作—哈利強森的調酒師手冊（Harry Johnson's Bartenders' Manual），可能是因爲製冰機逐漸普及，寶石開始改以加冰攪勻的形式飲用，不過攪拌後就看不出三種顏色了！如果改用黃色夏特勒茲，這杯酒就變成琥珀之夢（Amber Dream）。

INGREDIENTS

· 30ml 琴酒
· 30ml 夏特勒茲（綠）
· 30ml 甜香艾酒（紅）
· 1dash 柑橘苦精

TASTE ANALYSIS

| 甜 | 藥草 | 柑橘 |

高酒精度　　馬丁尼杯／先冰杯　　攪拌法

STEP BY STEP

1　將所有材料倒進調酒杯，加入冰塊攪拌均勻。

2　濾掉冰塊，將酒液倒入已冰鎮的馬丁尼杯。

3　將檸檬皮捲環繞在糖漬櫻桃上，投入杯中作爲裝飾。

Last Word

臨別一語

　　臨別一語約莫誕生於禁酒令初期的底特律競技俱樂部（Detroit Athletic Club），有著『都柏林吟遊詩人』之稱的法蘭克‧弗格第（Frank Fogarty），是當時知名的單口相聲表演家，據說這杯酒就是爲他創作的。後來酒譜輾轉被任職於紐約華爾道夫酒店的泰德‧索西斯（Ted Saucier）收錄於他的著作—泰德陪你乾一杯（Ted Saucier's Bottoms Up）。

　　2004年，西雅圖 Z 字型酒館（Zig Zag Café）的調酒師—穆雷‧史丹森（Murray Stenson）從這本出版於1952年的書中發現被遺忘近60年的經典雞尾酒—Last Word，於是決定在店內推廣它，讓臨別一語從西雅圖開始，重新流行於全世界。

　　Last Word 又可翻譯爲遺言，但這麼沈重的名字叫人怎麼喝得下去呢？其實它還有『關鍵一語』的意思，這杯酒會和弗格第有關係，或許就和他的表演需要精準的控制用語有關，多一字、少一詞都不行，您說是嗎？（相聲語氣）

INGREDIENTS

- 25ml 琴酒
- 25ml 夏特勒茲（綠）
- 25ml 瑪拉斯奇諾
- 25ml 檸檬汁

STEP BY STEP

1　將所有材料倒進雪克杯，加入冰塊搖盪均勻。
2　濾掉冰塊，將酒液倒入已經冰鎮的馬丁尼杯。
3　噴附檸檬皮油、投入皮捲作爲裝飾。

TASTE ANALYSIS

| 酸甜 | 藥草 | 櫻桃 |

中高酒精度　　馬丁尼杯／先冰杯　　搖盪法

Benedictine

班尼迪克丁

—— 獻給至高無上的神 ——

　　班尼迪克丁（Benedictine）據傳誕生於1863年，法國有個名為Alexandre Le Grand的葡萄酒商在家族圖書館的某個角落，翻到一份塵封已久的手稿（修道院＋神秘手稿的梗酒商真是百用不膩），發現它是家族在法國大革命期間，從一位逃難僧侶手中得到的製酒配方，沒想到被當成垃圾一放七十幾年，對酒頗為精通的亞歷山大不看還好，一看被嚇了好大一跳跳！

　　這手稿居然出自1510年、傳奇僧侶Dom Bernardo Vincelli之手！博學的他精通藥草學、鍊金術一招降，手稿中說明如何製作這種長生不老藥，包括27種秘密材料。亞歷山大找了藥劑師試了一次又一次，濃縮濃縮再濃縮、提煉提煉再提煉，終於製作出這瓶班尼迪克丁，因為實在是太好喝、太厲害了，它還有個別名是D.O.M.（"Deo Optimo Maximo"），拉丁文的意思是：『**獻給至高無上的神**』，千拜～萬拜～不如整箱的D.O.M.拿來拜大概就是這個意思吧？

超簡派喝法

班尼迪克丁純飲就很好喝！淡淡的蜂蜜、茴香、薄荷與青草茶味，口感甜潤溫順。在歐洲它被當成養生補酒飲用，尤其經常用於婦女產後調理，坐月子喝這個不只可以促進血液循環、強身健體，甚至還可以用於料理！
超簡派喝法推薦加茉莉花茶或綠茶飲用（無糖），其他像是加葡萄柚汁、鮮奶、通寧水等軟性飲料都很受歡迎！

B&B

B & B

B & B的兩個B，指的分別是白蘭地（Brandy）與班尼迪克丁（Benedictine），這杯酒誕生於1930年代、位於美國紐約的21 Club，因爲實在是太受歡迎，班尼迪克丁乾脆與干邑酒廠合作，推出預調好的瓶裝B&B，打開就能喝、完全不用調！

干邑是一種不甜的烈酒，不只可以降低班尼迪克丁的甜度，還不會降低酒精濃度，讓B&B的口感又醇又濃又香，但對很多人來說，1：1的喝法還是會覺得太甜，此時不妨加冰塊飲用或調整比例試試看，3：1～4：1都是蠻適飲的甜度。

B&B以白蘭地杯裝盛，這種杯型通常用於品飲白蘭地：飲用時將杯體托於掌心、以手溫溫杯讓白蘭地散發出更多香氣。除了品飲白蘭地，容量超大的白蘭地杯也經常用於裝盛熱帶雞尾酒。

用於調酒班尼迪克丁是瓶非常稱職的香甜酒，它的香氣不強、口感柔和，少量用可以增添藥草風味，又不會搶走其他材料的風采，相當畫龍點睛，推薦以各種烈酒與班尼迪克丁攪拌後飲用，因爲兩種材料都是烈酒，攪拌時間可以稍微久一點讓水分釋出。

INGREDIENTS
· 30ml 干邑白蘭地
· 30ml 班尼迪克丁

STEP BY STEP
白蘭地杯裝入冰塊，將兩種材料倒入，攪拌均勻即可飲用。

TASTE ANALYSIS

| 甜 | 藥草 |

極高酒精度

白蘭地杯

直調法

Honeymoon

蜜月

　　蜜月最早收錄於1916年安斯林的著作中，但它不像飛行（Aviation）命運如此乖舛，蜜月在禁酒令結束後，很快的就在洛杉磯的連鎖餐廳——布朗德比（Brown Derby）開始流行，成爲店家的招牌雞尾酒。

　　由於用了君度與班尼迪克丁兩種香甜酒，蜜月喝起來還眞如其名，甜蜜蜜～至於蜜月這項傳統是怎麼來的呢？據說在中世紀的歐洲，洞房當晚新人會在對方的手上塗蜂蜜，然後像喝交杯酒互舔，可能是爲了增添情趣（塗在其他部位不是更好嗎？）接下來的一個月內，女方家裡要源源不絕供應蜂蜜酒給新郎喝，不是希望新郎得糖尿病，而是要讓他趕快交作業，因爲古人發現喝蜂蜜酒有強精補腎的效果，阿公阿嬤認爲婚後如果能持續喝一個月的蜂蜜酒，明年此時應該就可以送油飯吃紅蛋了，所以這個酉凶蜂蜜酒的交合之月，就稱爲蜜月。

INGREDIENTS

· 60ml 蘋果白蘭地
· 15ml 班尼迪克丁
· 15ml 君度橙酒
· 15ml 檸檬汁

STEP BY STEP

1　將所有材料倒進雪克杯，加入冰塊搖盪均勻。
2　濾掉冰塊，將酒夜倒入已冰鎮的淺碟香檳杯。
3　噴附柳橙皮油，投入皮捲作爲裝飾。

TASTE ANALYSIS

酸甜	藥草	柑橘	蘋果

中高酒精度

淺碟香檳杯／先冰杯

搖盪法

蘋果白蘭地

8世紀時，法國諾曼第地區因爲盛產蘋果，開始發展出蘋果發酵酒，一直到了17世紀初，蘋果蒸餾酒才開始普及，最早被稱爲Eau de Vie de Cidre，意爲『蘋果的生命之水』，隨後才以**卡爾瓦多斯**稱之，有趣的是卡爾瓦多斯是在法國大革命之後才建立的行政區，一種酒有名到可以當地名是不是很厲害？

蘋果白蘭地發展初期因爲酒稅政策的打壓，使得它的發展一直不如干邑白蘭地，到了19世紀蒸餾技術大躍進，物美價廉的蘋果白蘭地，快又有效又好喝，漸漸成爲法國工人飲用烈酒的首選。19世紀末葡萄根瘤蚜菌疫情席捲全歐，葡萄園幾乎無一倖免，讓葡萄白蘭地產量驟減，蘋果白蘭地就這麼順勢崛起。第一次世界大戰時它已經是法軍的指定『飲品』，第二次世界大戰盟軍登陸諾曼第，發現這個天上掉下來的禮物，讓Calvados開始在國際上揚名。

除了法國的卡爾瓦多斯，另一種產於美國的蘋果白蘭地稱爲蘋果傑克。17世紀歐洲移民在北美種植蘋果，他們利用發酵果汁製作蘋果酒，並稱之爲Cider（蘋果西打的西打指的就是這個Cider），而且當時飲用水的條件並不好，男女老幼乾脆直接把蘋果酒當成飲料。

可是對重型醉漢來說，這種低酒精濃度的酒根本喝不High，在蒸餾器不普及的狀況下，聰明的醉漢發明了一種土法煉鋼、名爲Jacking的『低溫蒸餾法』；他們在夜晚將蘋果酒放在冰天雪地中，利用酒精不易結凍的特性，一夜過後殘留的液體就會有較高的酒精濃度……就這樣重複一次又一次，最高能收集到高達30%的酒精濃度！爲了喝酒如此執著真是令人動容（拭淚），雖然現代已不再用這種方式製酒，Applejack的名字還是留了下來。

蘋果白蘭地（Calvados）經典品牌——Boulard　　　　　蘋果傑克（Applejack）經典品牌——Laird

BENEDICTINE 3

Widow's Kiss

寡婦之吻

　　寡婦之吻最早出現於1895年，由當時在荷蘭屋酒店（Holland House Hotel）任職的喬治・卡普勒（George Kappeler）收錄於其著作──現代美國飲品（Modern American Drinks）中，當時紐約先鋒報（The New York Herald）的編輯喝到這杯酒被嚇了好大一跳跳，他在報紙這樣描述寡婦之吻：荷蘭屋酒精桂冠詩人（指卡普勒）呈獻的最熱情詩篇。

　　19世紀末，大量的香甜酒引進美國，傳統cocktail結構中的『糖』逐漸被調酒師以香甜酒取代，許多經典雞尾酒就在這個時期誕生，可說是雞尾酒的黃金年代。寡婦之吻也是這時期的產物，這個吻還真是吻得濃烈激情、餘韻留長，用了兩瓶魔王級的藥草酒：夏特勒茲與班尼迪克丁，另外兩種材料也是烈酒，讓這杯酒不只酒精濃度高、香氣層次還很豐富哩！

INGREDIENTS

· 60ml 蘋果白蘭地
· 30ml 夏特勒茲（黃）
· 10ml 班尼迪克丁
· 2dashes 原味苦精

STEP BY STEP

1　將所有材料倒進調酒杯，加入冰塊攪拌均勻。
2　濾掉冰塊，將酒液倒入已冰鎮的馬丁尼杯。

TASTE ANALYSIS

| 甜 | 藥草 | 蘋果 |

極高酒精度

馬丁尼杯／先冰杯

攪拌法

Grand Marnier

柑曼怡

——干邑與香橙的完美結合——

1827年，Jean-Baptiste Lapostolle 在法國的諾夫勒堡創立酒廠製作水果利口酒，1877年，他的孫女嫁給 Louis-Alexandre Marnier，Marnier 家族是在松塞爾地區製作葡萄酒的同行，就這樣 Marnier Lapostolle 家族誕生了。

1880年，Louis-Alexandre 嘗試以加勒比海地區生產的苦橙（Bigaradia）與干邑白蘭地製酒，因爲本質上仍屬於庫拉索酒，最早這種酒被命名爲 Curaçao Marnier。他的朋友—凱撒·里茲（César Ritz, 巴黎麗茲酒店創辦人）一喝驚爲天人被嚇了好大一跳跳，他認這麼偉大的酒應該要有一個偉大的名字，於是這瓶超越庫拉索的庫拉索──**柑曼怡**（**Grand Marnier**）就這樣誕生了（Grand 有偉大、崇高之意）。

柑曼怡在芝加哥與巴黎的國際博覽會中得獎讓它國際知名度大開，迄今已是法國外銷量最大的香甜酒之一，倫敦鐵達尼號博物館還有展示從沈船殘骸打撈到的柑曼怡酒瓶。除了調酒，柑曼怡也很適合當成餐後酒純飲，很多甜點製作也會用到它，像是法式火焰薄餅（Crêpes suzette）、聖誕樹幹蛋糕（Bûche de Noël）等。

雖然指定使用柑曼怡的經典調酒並不多，但使用橙色柑橘酒（Orange Curaçao）、Triple Sec（例如常用的君度）的酒譜，只要調性相符，都可以嘗試改用柑曼怡調製，指定使用柑曼怡的調酒會冠上 Grand 之名，例如 Grand Sidecar、Grand Margarita。

超簡派喝法

柑曼怡最簡單的喝法就是加冰塊、擠點檸檬汁降低甜度即可。其他像是薑汁汽水、通寧水的 Highball 也很受歡迎，喜歡茶飲推薦加茉莉蜜茶飲用。柑曼怡本身就是烈酒，除了當成柑橘酒的替換品項，當成基酒用也沒問題！

Red Lion

紅 獅

美國禁酒令時期，雞尾酒發展的重心移往倫敦，紅獅的創作者是倫敦皇家酒館（Café Royal）的亞瑟・塔林（Arthur Tarling），他在1933年的倫敦雞尾酒大賽以這杯酒獲得冠軍，1937年他的酒譜被收錄於皇家酒館雞尾酒全書（Café Royal Cocktail Book），通過時代考驗踏入經典雞尾酒的殿堂。

現代的紅獅酒譜有些會加入約1tsp紅石榴糖漿讓顏色符合『紅獅』的意象⋯⋯那原本為什麼要以紅獅命名這杯酒呢？據說是因為這個比賽由Booth's琴酒舉辦，而這個牌子的LOGO就是一頭紅色的獅子，塔林選手是不是很懂得命名之道呢？

INGREDIENTS

- 30ml 琴酒
- 20ml 柑曼怡
- 30ml 柳橙汁
- 10ml 檸檬汁

STEP BY STEP

1 將所有材料倒進雪克杯，加入冰塊搖盪均勻。
2 濾掉冰塊，將酒液倒入已冰鎮的馬丁尼杯。
3 噴附檸檬皮油，投入皮捲作為裝飾。

TASTE ANALYSIS

| 酸甜 | 藥草 | 柑橘 |

中高酒精度　馬丁尼杯／先冰杯　搖盪法

Oriental

東方

　　東方最早被收錄於克拉多克的薩伏伊雞尾酒全書，書中提到1924年8月的某一天，有位在菲律賓工作的美國工程師突然發燒發到快往生，還好遇到了神醫—Dr.B 救了他一命，工程師為了答謝神醫的救命之恩，就把東方這杯酒的酒譜傳授給他（是在寫武俠小說嗎？）

　　這杯酒的原始酒譜是用白柑橘酒調製，現代多以君度或柑曼怡替代。用於調酒，只要**依序入手君度、柑橘苦精、柑曼怡與藍柑橘香甜酒**，就足以調製大部分用到柑橘酒的酒譜，酒精濃度低的白柑橘酒與橙色柑橘酒運用性不高，建議可以當成後期再入手的品項。

INGREDIENTS

· 45ml 裸麥威士忌
· 20ml 柑曼怡
· 20ml 甜香艾酒（紅）
· 15ml 檸檬汁

STEP BY STEP

1　將所有材料倒進雪克杯，加入冰塊搖盪均勻。
2　濾掉冰塊，將酒液倒入已冰鎮的馬丁尼杯。
3　噴附柳橙皮油、將皮捲投入杯中，以糖漬櫻桃作為裝飾。

TASTE ANALYSIS

| 微酸甜 | 藥草 | 柑橘 |

中高酒精度　　馬丁尼杯／先冰杯　　搖盪法

Larchmont

拉 奇 蒙 特

　　大衛・恩伯瑞（David Embury）於1948年出版了飲料調製的美學（The Fine Art of Mixing Drinks），書中對區分雞尾酒種類與材料種類有相當多見解，有趣的是他不是調酒師、也不是酒類從業人員，而是一名律師！因為沒有業界包袱，書中可說是想講什麼就講什麼，對於調酒他有一些『大原則』要遵守，像是一定要夠冰、外觀要好看、副材料不可太多、酒精濃度要高、口味要Dry等等……

　　恩伯瑞對酸味調酒還有個特殊的堅持，就是**酒：酸：甜要8：2：1**，他在著作中這樣敘述拉奇蒙特：作為蘭姆酸酒系列的壓軸，請容我向你們介紹我最喜歡、以我最愛的小鎮命名的這杯酒。恩伯瑞曾居住在拉奇蒙特（位於紐約溫徹斯特郡），他在這裡招待親友調酒並撰寫著作，拉奇蒙特就是他的原創。

INGREDIENTS

- · 60ml 蘭姆酒
- · 20ml 柑曼怡
- · 20ml 檸檬汁
- · 10ml 純糖漿

TASTE ANALYSIS

酸甜	柑橘

中高酒精度　　馬丁尼杯／先冰杯　　搖盪法

STEP BY STEP

1　將所有材料倒進雪克杯，加入冰塊搖盪均勻。

2　濾掉冰塊，將酒液倒入已冰鎮的馬丁尼杯。

3　噴附檸檬皮油，投入皮捲作為裝飾。

Dubonnet

多寶力

── 黑貓好棒棒 ──

1864年在北非打仗的法軍，還沒被敵人擊斃就先被瘧疾搞到快往生，雖然當時已知奎寧可以對抗瘧疾，但奎寧超苦的口感讓很多阿兵哥寧可中標都不願意吃，當時化學家約瑟夫‧多寶力（Joseph Dubonnet）想出一個辦法，他用卡利濃（Carignan）葡萄酒為基底，加入萃取自金雞納樹皮的奎寧，再用一些神秘配方調製出這瓶加烈葡萄酒，口感微甜、微苦還帶有一絲咖啡香，阿兵哥一喝大叫好！好！好！排ㄟ你真有心～（英軍也遇到相同問題，只是他們發展出琴通寧）

於是這瓶軍人好朋友就以發明者命名為**多寶力**（Dubonnet），不但有醫療效果，而且……還很好喝哩！（唐伯虎語氣）

一般的加烈葡萄酒不是用白葡萄酒就是用紅葡萄酒當基底，但多寶力兩者並用、取兩種葡萄酒的優點於一身，發酵過程中加入酒精中止發酵，保留天然糖份讓口感帶有微甜，完全沒有人工香料也不摻糖，據說可以養顏美容，當養命酒、產後酒、老年人促進血液循環也可以，這樣神奇的功效讓多寶力在法國賣到飛起來，不用調！不用冰！開瓶就能喝！

多寶力以黑貓為品牌象徵，話說有貓主打女性市場就是80分起跳，當時還有句廣告詞『Dubo, Dubon, Dubonnet』，因為唸起來超順口又很洗腦，語氣大概就像：『**好！好棒！好棒棒！**』這樣，讓多寶力至今仍是法國女性飲酒的熱門選擇。

多寶利廣告海報。

超簡派喝法

多寶力純喝就很好喝，濃郁果香與淡淡咖啡味十分討喜，如果覺得太甜可以冰鎮後再喝，超簡派調製就加柳橙汁飲用。多寶力也是甜味的加烈葡萄酒，用於調酒可以替代紅香艾酒，像是用於調製曼哈頓、內格羅尼等雞尾酒…別有一番風味！

Dubonnet Cocktail

多寶力雞尾酒

多寶力雞尾酒約莫誕生於1920年代，起源和創作者已不可考，它能留名於經典雞尾酒與伊莉莎白女王二世的『代言』有很大的關係，因為人家下午喝茶她女王直接喝酒一個霸氣，她的阿母—伊莉莎白王后（Queen Elizabeth）也一樣，母女倆都是多寶力雞尾酒的鐵粉！據說一代女王的指定酒譜是30％琴酒、70％多寶力，加冰塊與檸檬片飲用，正所謂有其母必有其女，女王二世也是每天中午都要來杯多寶力雞尾酒佐餐，啊……福氣啦！

香檳杯

除了馬丁尼杯，淺碟香檳杯也是很常用到的雞尾酒杯，它的造型據說取材自法王路易十六的王后—瑪麗・安東尼（Marie Antoinette）的……乳房！這個傳說雖然很有畫面→**工匠**：『**王后，恕小的無禮！**』（**抓奶龍爪手勢**），但千萬不要相信這個不營養的故事，淺碟香檳杯早在17世紀中就在英國用於品飲氣泡酒了！

瑪麗・安東尼

INGREDIENTS

・45ml 琴酒
・45ml 多寶力

STEP BY STEP

1　將所有材料倒進調酒杯，加入冰塊攪拌均勻。
2　濾掉冰塊，將酒液倒入已冰鎮的淺碟香檳杯。
3　噴附柳橙皮油、投入皮捲作為裝飾。

TASTE ANALYSIS

| 微甜 | 乾果 | 咖啡 | 藥草 |

中高酒精度　　淺碟香檳杯／先冰杯　　攪拌法

Opera

歌 劇

歌劇的起源與創作者已不可考，已知它最早出現於雅克·斯特勞布（Jacques Straub）於1914年出版的飲品集（Drinks）一書。斯特勞布的父親在瑞士經營蒸餾場，讓小雅克的童年相當『精實』；其他小朋友餵小白他在養酵母、人家捉迷藏他要顧那台鬼蒸餾器，還要辨認各種水果與香料……

後來 ~~神咲豐多香帶著神咲雯~~ 斯特勞布父子前往美國，在肯塔基州路易維爾的潘登尼斯俱樂部工作（Pendennis Club，傳說中Old-Fashioned的發源地，1881年營運至今橫跨三世紀），爸爸擔任經理兼侍酒師，斯特勞布也在這練功刷副本。21年後他到芝加哥的黑石飯店（Blackstone Hotel）擔任侍酒師，憑藉著豐富的葡萄酒知識，幫飯店打造出國際級的葡萄酒窖。

身為葡萄酒大師級的人物，斯特勞布對雞尾酒也很有興趣，透過客人口述與旅行經驗累積了大量的酒譜，他晚年出版的飲品集只用約十分之一的篇幅講述最精熟的葡萄酒，其他都是收錄近七百杯的雞尾酒酒譜！1920年斯特勞布過世，他的訃文看完會讓所有美國人都驚呆ㄌ……這位從未失誤、擁有絕對味（嗅）覺的傳奇人物，居然是個滴酒不沾的謹慎伯！斯特勞布的歌劇酒譜是以搖盪法調製，琴酒與多寶力用量相等、沒有瑪拉斯奇諾，用的是少量柑橘酒而非dash柑橘苦精，現代的歌劇酒譜較近似以多寶力替代紅香艾酒的馬丁尼茲……歌劇是我覺得最能展現多寶力特色的雞尾酒，推薦各位一定要試試看！

PART 4 ｜ LIQUEUR&COCKTAIL ｜ 160

INGREDIENTS

· 60ml 琴酒
· 20ml 多寶力
· 10ml 瑪拉斯奇諾
· 1dash 柑橘苦精

STEP BY STEP

1　將所有材料倒進調酒杯，加入冰塊攪拌均勻。

2　濾掉冰塊，將酒液倒入已冰鎮的淺碟香檳杯。

3　噴附柳橙皮油、將皮捲投入杯中，以糖漬櫻
　　桃作為裝飾。

TASTE ANALYSIS

| 微甜 | 乾果 | 藥草 | 櫻桃 | 柑橘 |

高酒精度

淺碟香檳杯／先冰杯

攪拌法

Deshler

德許勒

　　德許勒的起源與創作者已不可考（與多寶力有關的雞尾酒都不可考是哪招？）只知道這杯酒最早收錄於安斯林的著作，以拳擊手的名字命名。這杯酒的結構是曼哈頓的一種變體，當時橙酒、瑪拉斯奇諾等材料很常用於增添風味或當成甜味劑使用，而德許勒喝起來就像偏甜、帶有濃郁柑橘香氣與乾果風味的曼哈頓。

　　戴夫・德許勒（Dave Deshler）是美國的輕量級拳擊手，活躍於1903～1912年間，根據拳擊網站的紀錄，德許勒生涯戰績27勝25敗24和，1917年他又上場比賽可惜仍以敗績引退……同年，安斯林的調酒書就出版了，這讓我想到洛基（Rocky）這部電影，安斯林會不會是德許勒的粉絲呢？

INGREDIENTS

· 30ml 裸麥威士忌

· 45ml 多寶力

· 1tsp 君度橙酒

· 2dash 裴喬氏苦精

TASTE ANALYSIS

微甜	乾果	藥草	咖啡	柑橘

中酒精度

馬丁尼杯／先冰杯

攪拌法

STEP BY STEP

1　將所有材料倒進調酒杯，加入冰塊攪拌均勻。

2　濾卓冰塊，將酒夜倒入已冰鎮的馬丁尼杯。

3　噴附柳橙皮油、投入皮捲作為裝飾。

裴喬氏苦精 Peychaud's Bitters

　　德許勒指定使用裴喬氏苦精（Peychaud's Bitters），有了安格式原味與柑橘苦精後，建議將它列為第三瓶入手的苦精，因為指定用它調製的經典雞尾酒實在是太多了！

　　克里奧（Creole）風格是紐奧良地區的一大特色，這種融合了法國、西班牙與各地移民的文化，影響到當地的語言、藝術、建築與音樂，也發展出獨特的料理風格。綜觀雞尾酒的發展脈絡，世界上第一杯有名字的雞尾酒─賽澤瑞克（Sazerac）、現代酸味調酒的雛型──白蘭地庫斯塔（Brandy Crusta）、以紐奧良法國區為名的神作─老廣場（Vieux Carré）都是誕生於此，稱紐奧良為美國雞尾酒發源地一點也不為過。

　　1830年代，法國藥劑師安東尼・裴喬（Antoine Peychaud）在紐奧良經營藥局，他用秘傳配方調製苦精並在店內販售……咦？藥局為什麼會賣苦精？因為苦精最早是用於醫療，除了開脾健胃、促進食慾、整腸助消化，用苦精摻蘇打水喝更是緩解宿醉症狀的良方！有別於安格式顏色深、苦味重、藥草香氣濃郁，裴喬氏的特色是鮮紅透亮、酒體輕、帶有花果、八角與茴香味，這種風格的苦精被稱為克里奧苦精，並以裴喬氏為代表性品牌。

裴喬氏苦精與苦精真諦苦精，兩種都是克里奧風格的苦精。

短飲 & 長飲雞尾酒

雞尾酒依飲用時的容量、杯型以及是否有冰塊，可分為**長飲雞尾酒**（Long Drink）與**短飲雞尾酒**（Short Drink）。長飲雞尾酒以颶風杯、可林高球杯、古典杯等大容量的杯具裝盛，短飲雞尾酒則是以香檳杯、馬丁尼杯等小容量杯具裝盛。

長飲雞尾酒通常有較多的副材料、飲用時有冰塊、液體總量多、酒精濃度低。雖然冰塊可以維持長時間的風味，但隨著冰塊溶水酒液會被稀釋甚至出現分層，因此建議在30分鐘內飲用完畢，飲用時附上吸管或攪拌棒邊攪邊喝。

短飲雞尾酒通常副材料較少、飲用時沒有冰塊、液體總量少、酒精濃度高。因為飲用時沒有冰塊，為了讓酒液維持風味會事先冰杯，但冰杯效果相當有限，建議在15分鐘內飲用完畢，如果真的覺得太吃力，那……昇溫後就加一兩顆冰塊吧！

螺絲起子，一杯由伏特加與柳橙汁調製的長飲雞尾酒，出酒時搭配攪拌棒，能讓喝得較慢的飲用者邊喝邊攪。

Mozart

莫札特

—— 巧克力三重奏 ——

1954年，位於音樂神童——莫札特的故鄉薩爾斯堡（Salzburg），以生產巧克力酒聞名的莫札特酒廠（Mozart Distillerie）誕生了，酒廠強調所有的產品都是由天然原料製作，不摻任何人工香料與添加物，而且將各種原料融合時用的是製作音樂的概念，是一瓶用莫札特樂曲譜出的巧克力酒…怎樣？牛可以聽音樂，巧克力不行嗎？

可可酒、巧克力酒的分類經常會讓初學者感到困惑，這是因為原文酒譜通常標示Crème de cacao或Cacao Liqueur，前面再加註使用的種類，第一種酒液深棕色的標示Dark（Brown），中文稱為黑、棕色或深色可可酒；第二種酒液透明如水的標示Blanc（White），中文稱為白可可酒。

香甜酒廠的可可酒會分為深色與白色兩種口味，味道通常差異不大，以符合酒譜的色調為選擇考量。

許多可可酒都是香甜酒大品牌其中的一兩個口味，酒廠並非經營單一品項，但莫札特酒廠專門生產巧克力酒，製作過程中會加入香草、焦糖，再經過短暫的浸漬（還有音樂神童的加持），味道比一般可可香甜酒更細緻、也更適合直接飲用或超簡派調製。

超簡派喝法

莫札特巧克力酒加冰飲用、當甜點酒純飲就很好喝，其他像是加入鮮奶、咖啡，或是淋在冰淇淋上增添風味都是不錯的喝法。

Grasshopper

綠色蚱蜢

綠色蚱蜢是源於紐奧良的經典雞尾酒，它的創作者是圖賈各餐廳（Tujague's Restaurant）的老闆——菲利貝爾·古雪（Philibert Guichet），這杯酒約莫誕生於1912年，後來在紐約的調酒比賽中得到第二名光榮返鄉，成為店內招牌飲品。到了1950年代，綠色蚱蜢低酒精濃度、好調又可以當甜點飲用的特色，讓它成為家庭開趴、招待親友的優質飲料（真的稀到像飲料），開始獲得全國性的知名度。

檢視綠色蚱蜢的酒譜，會發現它沒！有！基！酒！由兩種香甜酒與奶製品組成，成品酒精濃度非常低，創始於1856年、持續營業至今的圖賈各餐廳出酒前會漂浮少許白蘭地在表面，避免客人覺得口感太過稀迷。

我推薦用白莫札特巧克力酒替代原始酒譜的白可可酒，這瓶酒製作過程中以新鮮奶油調和，香草、焦糖與可可味揉合的相當漂亮，口感細緻滑順，就決定是你了！不過白莫札特無法替代所有用到白可可酒的酒譜，這是因為它本身只有可可脂（沒有可可粉），加上成份含有鮮奶油，遇到檸檬汁可能會出現懸浮物。

綠色蚱蜢喝起來很像液體的薄荷巧克力，口感與長方、扁平包裝的安迪士（Andes）薄荷巧克力有99％像，口味相當大眾化，酒精濃度也不高，是杯男女老少咸宜的甜點雞尾酒，而且它調製超級簡單，即使是初學者也能輕鬆上手！

INGREDIENTS

· 25ml 白莫札特
· 25ml 綠薄荷香甜酒
· 50ml 鮮奶

STEP BY STEP

1　將所有材料倒進雪克杯，加入冰塊搖盪均勻。

2　濾掉冰塊，將酒液倒入已冰鎮的馬丁尼杯。

3　取一小株薄荷葉放於掌心輕拍，投入杯中作為裝飾。

TASTE ANALYSIS

| 甜 | 薄荷 | 白巧克力 |

低酒精度

馬丁尼杯／先冰杯

搖盪法

薄荷香甜酒

　　薄荷香甜酒分為白薄荷與綠薄荷兩種，味道差異不大，要挑選符合成品色調的品項，像綠色蚱蜢如果用白薄荷酒就無法呈現Tiffany綠，建議先入手綠薄荷香甜酒，等到想調製白蘭地調酒──**史汀格**（**Stinger**）再買白薄荷香甜酒也不遲。

　　薄荷香甜酒每杯只用到一點，剩下很多該怎麼辦？加入茶飲調製薄荷冰茶，或是加蘇打水調製薄荷汽水（嗜甜者可加雪碧）、淋在冰淇淋上食用，都是很能消耗薄荷酒的喝法。

薄荷香甜酒（Crème de menthe）

Choco-Martini

巧克力馬丁尼

　　1955年，電影巨人（Giant）在德州的馬爾法（Marfa）進行拍攝，休息時間男主角洛克‧哈德森（Rock Hudson）與女主角伊麗莎白‧泰勒（Elizabeth Taylor）就住在彼此對街，因為兩人都是馬丁尼與巧克力的重度愛好者，有個晚上他們突發奇想：『巧克力加馬丁尼，有沒有搞頭？』（少林足球語氣）他們的巧克力馬丁尼由巧克力酒、巧克力糖漿與伏特加組成，雖然實際酒譜已不可考，但『巧克力酒＋伏特加』是最基本的結構。現在巧克力馬丁尼酒譜變化何止萬千，每位調酒師可能都有一杯自己的酒譜：加入冰淇淋、巧克力醬、餅乾、糖果、奶油、莓果、咖啡酒、榛果酒……還有許多意想不到的材料都可能出現！

　　如果沒有可可粉，直接將巧克力製品搗碎一起搖也可以，像是搗碎金莎巧克力，成品還會有榛果與巧克力碎片的口感。金莫札特的成份含有鮮奶油，經過搖盪能有效包覆伏特加的刺激性，如果還是覺得酒精感太強，再酌降伏特加的比例。

　　嗯？你說這杯酒既沒有琴酒也沒有香艾酒，怎麼能稱為馬丁尼呢？如前所述，Cocktail這個飲料調製法從1806年演變至今已經是雞尾酒的統稱，而以Coktail為原型衍生出的馬丁尼更有著雞尾酒之王的稱號，有一種說法甚至認為，只要是放在馬丁尼杯的雞尾酒都可以稱為馬丁尼……下次當你創作出一杯酒、又想不到名字的時候，不妨就叫它○○馬丁尼吧～

電影《巨人》劇照

INGREDIENTS

· 45ml 伏特加

· 60ml 金莫札特

· 適量 可可粉或現磨巧克力

STEP BY STEP

1　將所有材料倒進雪克杯，加入冰塊搖濕均勻。

2　濾掉冰塊，將酒夜倒入已冰鎮的馬丁尼杯。

3　灑上少許可可粉作為裝飾。

TASTE ANALYSIS

| 甜 | 香草 | 巧克力 | 焦糖 | 奶味 |

中高酒精度

馬丁尼杯／先冰杯

搖盪法

Half & Half

　　調製甜點類雞尾酒經常會用到奶製品，像是鮮奶油（又分為植物性與動物性）、鮮奶、奶水、奶油球等，有些酒譜會標示 Half & Half，這指的是什麼材料呢？

　　鮮奶油太濃稠難以搖勻、鮮奶口感又太過稀迷~~那就摻在一起做撒尿牛丸~~，Half & Half 就是結合一半鮮奶油一半鮮奶，同時保留前者的濃郁與後者的清爽，因為白莫札特與金莫札特都含有鮮奶油，如果遇到需要奶製品的酒譜，選用鮮奶等於是現成的 Half & Half，這也是推薦初學者優先考慮莫札特的原因。

Brandy Alexander

白蘭地亞歷山大

以琴酒、可可酒與鮮奶油調製亞歷山大（Alexander）最早出現於安斯林的著作，然後……禁酒令就來了，不過亞歷山大在禁酒令時期相當受歡迎，不是因為它好喝，而是因為當時很流行在自家浴室私釀浴缸琴酒（Bathtub Gin），這種DIY琴酒酒質差、刺激性強，味道也相當怪異，醉漢們發現加入奶油調製對於掩蓋這些缺點有非常好的效果，用於躲避查緝員更是隱藏酒精於無形，根本就是雞尾酒界的好折凳來著！

禁酒令結束後，白蘭地浮上檯面成為美國中上階層的象徵飲品，禁酒令時期私釀的風氣反而讓琴酒在世人心中留下低劣的印象，這時開始出現以白蘭地為基酒調製的亞歷山大，一開始克拉多克將它命名為『亞歷山大2號』以別於原始酒譜，但2號比1號還紅豈有天理？後來它就有了獨立的名字─白蘭地亞歷山大。

白蘭地亞歷山大推薦用黑莫札特，它能提供成品濃郁、細緻的巧克力與香草味，用於調酒，黑莫札特可以當成深色可可酒用，好用、好調又好喝，莫札特初體驗就選黑的吧！

INGREDIENTS

· 45ml 干邑白蘭地
· 30ml 黑莫札特
· 20ml Half & Half

STEP BY STEP

1　將所有材料倒進雪克杯，加入冰塊搖晃均勻。
2　濾掉冰塊，將酒夜倒入已冰鎮的淺碟香檳杯。
3　灑上少許荳蔻粉作為裝飾。

TASTE ANALYSIS

甜	巧克力	香草	奶味

中高酒精度　淺碟香檳杯／先冰杯　搖盪法

　　白蘭地亞歷山大素有女性最愛雞尾酒的No.1之稱，電影**相見時難別亦難**（**Days Of Wine And Roses**）的女主角喜歡吃巧克力但是滴酒不沾，約會時男主角就點了一杯白蘭地亞歷山大給她，雖然這招很爛但女主角喝完一個讚~~兩人就這樣合體~~。不過女主角也開始墮入魔道，婚後和男主角雙雙成為重度酗酒醉鴛鴦，所以我說那個誰，飲酒還是理性一點比較好唷～

電影《**相見時難別亦難**》劇照

電影《**憤怒的二十年代**》（**The Roaring Twenties**）劇照／禁酒令時期許多家庭或私釀業者會將蒸餾過的酒液放在浴缸浸泡藥材香料，製作出沒魚蝦也好的浴缸琴酒。

亞歷山大與龍蝦皇宮

根據語源學者貝瑞·波皮克（Barry Popik）的研究，他認爲亞歷山大的發源地是紐約的雷克特（Rector's），它是一間營業於禁酒令前的龍蝦皇宮（Lobster Palaces）。龍蝦皇宮到底有多聲有多瞎？它盛行於1900年代的紐約，提供富麗裝潢、歌舞劇秀、高價食材、通宵飲酒、買spring賣silver；想像一下，大概是結合台南擔仔麵、明華園、Room18和金錢豹的無厘頭組合這樣，大概只流行十幾年就倒光光了～

當時想到紐約聲瞎一下的男男女女都要搭火車前往，但以煤礦爲動力的火車燃煙總是將乘客弄得髒兮兮，男的帥不起來、女的正到反黑，鐵路公司拉克萬納（Lackawanna）因爲擁有大量無煙煤礦，於是強打這點吸引乘客……我們絕對不會弄髒您的衣服！

鐵路公司找了廣告商行銷自家鐵路，他們虛構了一個叫做白雪菲比（Phoebe Snow）的人物，將她的角色設定爲經常搭乘鐵路往來各地的社交名媛，總是身穿白衣白帽白鞋手還持白傘，舉止優雅地享受火車上的各種設施和服務…大概跟請孫芸芸來示範吸塵器是一樣的道理～（轉圈開冰箱）

白雪菲比就這樣爆紅了，往返雷克特的大爺貴婦們每天都會看到她，餐廳的調酒師──特洛伊·亞歷山大（Troy Alexander）於是創作了一杯酒向這位白色吉祥物致敬，然後用自己的名字命名……居然不是用Phoebe Snow我說特洛伊你是不是有點超過？

龍蝦皇宮

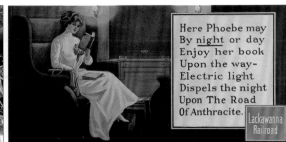

鐵路公司用於宣傳的海報

Kahlúa

卡鲁哇

—— 美酒加咖啡 ——

1930年代，塞納・比安科（Señor Blanco）將阿瓦雷茲（Alvarez）兄弟生產的咖啡豆，加入以甘蔗為原料製作的蘭姆酒製作咖啡酒，後來經過化學家蒙塔爾沃・羅拉（Montalvo Lara）改良製程與配方，**卡魯哇（Kahlúa）**就這樣誕生了。

禁酒令結束後，朱爾斯・伯曼（Jules Berman）在比佛利山莊開設酒類專賣店，隨著事業的成功，他在1960年代買下卡魯哇品牌於美國市場推廣，廣告經常以阿茲特克文明（註）的雕像為主角，逗趣風格相當吸晴，酒瓶的設計也充滿異國風情，成功的將卡魯哇與墨西哥文化連結。

早期的卡魯哇廣告海報

卡魯哇從原料到裝瓶都在墨西哥當地生產，採用維拉克魯斯州生產的甘蔗與阿拉比卡咖啡豆製作，裝瓶前再經過八週的陳放讓材料更加融合。經過烘烤的咖啡香、添加香草莢與焦糖的口感很受歡迎，加上調製非常簡單，讓它成為全球最暢銷的咖啡酒。

※Kahlúa是納瓦特爾語，意思是『Acolhua族人之家』（House of the Acolhua people），14～16世紀的墨西哥古文明──阿茲特克據說發源於被稱為祖靈之地的Chicomoztoc（位於墨西哥谷東北邊），這裡有七個洞穴分別住著七個部族，Acolhua就是其中一個。

超簡派喝法

卡魯哇最簡單、最受歡迎的喝法就是加牛奶喝，其他像是加紅茶、巧克力飲品都很受歡迎，淋在冰淇淋上也很好吃！

Black Russian

黑色俄羅斯

黑色俄羅斯誕生於1949年，由比利時大都會酒店（Metropole Hotel）的調酒師所創作，是一杯爲了慶祝駐盧森堡的美國大使珮爾·梅絲塔（Perle Mesta）就職的雞尾酒，當時正值冷戰初始，而伏特加又是俄羅斯國酒，讓『黑色』俄羅斯的命名多了些政治色彩。

雖然伏特加歷史悠久，也是現代調酒常用的基酒，但它出現於調酒書只能追溯到1930年，在雞尾酒歷史中只有龍舌蘭比它還菜，那是誰最早將伏特加調酒收錄於著作呢？看到1930年就知道又是克拉多克的薩伏伊雞尾酒全書，書裡收錄了一杯名爲俄羅斯（Russian）的酒譜，它是以伏特加、琴酒和可可酒調製，很有可能就是黑色俄羅斯的前身。

黑色俄羅斯可以從材料比例調整酒精度與甜度，如果怎麼調都還是覺得很甜或酒精感太強，不妨嘗試**腦海中的橡皮擦**（**Mind Eraser**）：古典杯裝滿冰塊，依序倒入一份卡魯哇、一份伏特加，最後再加入一份蘇打水，以吸管從底部的咖啡酒開始喝，未經攪拌的材料可以喝到不同的層次口感，甜度與酒精度也較容易被接受～

如果將基酒替換爲白蘭地，這杯就是**黯淡之母**（**Dirty Mother**）；如果將基酒替換爲白龍舌蘭，這杯就是**猛牛**（**Brave Bull**），都試調看看吧！

INGREDIENTS
· 60ml 伏特加
· 20ml 卡魯哇

STEP BY STEP
古典杯裝入冰塊，將兩種材料倒入後，攪拌均勻即可飲用。

TASTE ANALYSIS

| 甜 | 咖啡 |

中高酒精度　　　古典杯　　　直調法

White Russian

白色俄羅斯

在黑色俄羅斯加入一份鮮奶油（鮮奶、Half & Half 亦可），就是白色俄羅斯（White Russian），將鮮奶油漂浮於上，飲用時再稍加攪拌就能讓酒液呈現拿鐵咖啡色澤。

1963年，有一杯名為俄羅斯熊（Russian Bear）的雞尾酒，酒譜是伏特加、可可酒、奶油與糖，是首次出現伏特加結合奶油與香甜酒的酒譜。兩年後，南方安逸（Southern Comfort）為了推廣自家咖啡酒，在波士頓環球報的廣告中以白色俄羅斯為名刊登酒譜，被認為是這杯酒最早的文獻記載。

1998年上映的電影——**謀殺綠腳趾（The Big Lebowski）**讓白色俄羅斯在大銀幕強力曝光，由傑夫・布里吉（Jeff Bridges）飾演的男主角除了抽大麻、打保齡球，杯不離手的就是白色俄羅斯，片中除了完整的『示範』如何調製，還讓這杯酒出現高達9次之多！

如果用貝禮詩奶酒取代鮮奶油，這杯酒就是**瞎瞎俄羅斯（Blind Russian）**，因為連最後一項無酒精材料都被換成酒，不喝瞎才怪！如果在白色俄羅斯調製完成後再倒入可口可樂，這杯酒就變成**科羅拉多鬥牛犬（Colorado Bulldog）**，味道很有趣特別推薦一試！

INGREDIENTS
- 60ml 伏特加
- 20ml 卡魯哇
- 15ml 鮮奶油

STEP BY STEP
古典杯裝入冰塊，將三種材料倒入後，攪拌均勻即可飲用。

TASTE ANALYSIS

甜	咖啡	奶味

中高酒精度　　古典杯　　直調法

KAHLÚA 3

Expresso Martini

咖啡馬丁尼

咖啡馬丁尼是卡魯哇列於酒瓶背標的酒譜，有一說認為它誕生於1983年、倫敦蘇荷區（Soho）的小酒館，創作者是傳奇調酒師迪克·布雷索（Dick Bradsell），當時有位女客要求他調一杯可以提神醒腦High一下的飲料，他看了看吧台旁的咖啡機、想到受酒客歡迎的伏特加，這杯『咖啡＋酒＋咖啡酒』的咖啡馬丁尼就這樣誕生了～

如果沒有咖啡機，建議用不甜的罐裝黑咖啡代替，覺得甜度太低再補適量糖漿……除了純糖漿，像是香草、榛果、焦糖等糖漿（或香甜酒）也很適合用於這杯酒，讓成品增添更多的風味與層次。

INGREDIENTS

· 45ml 卡魯哇
· 30ml 伏特加
· 30ml 現煮濃縮咖啡

STEP BY STEP

1　將所有材料倒進雪克杯，加入冰塊搖盪均勻。

2　濾掉冰塊，將酒液倒入已冰鎮的淺碟香檳杯。

3　投入2～3顆咖啡豆作為裝飾（可先用噴火槍烤過）。

TASTE ANALYSIS

微甜	咖啡

中酒精度

淺碟香檳杯／先冰杯

搖盪法

Bailey's

貝禮詩

—— 少女好朋友 ——

愛爾蘭奶酒（**Irish Cream**）泛指以愛爾蘭威士忌混合鮮奶油製作的香甜酒，其中最有名、幾乎可說是奶酒代名詞的品牌，就是**貝禮詩**（**Bailey's**）。

　　長期以來，酒類都以男性爲主要消費者，直到1971年，帝亞吉歐集團的子公司——愛爾蘭吉爾比（Gilbeys of Ireland）以在地材料、全球推廣的概念鎖定女性客群爲目標研發香甜酒。酒廠嘗試結合威士忌與鮮奶油，讓辣辣的威士忌更容易入口，但他們發現這樣會出現奶——酒分層的現象……最後歷經三年的研究終於克服這個難題，讓這瓶從原料到裝瓶都在愛爾蘭完成的奶酒，於1974年正式上市。

　　爲了在全球市場推廣，酒廠決定用一個有愛爾蘭風、但是要唸起來順口的名字，最後以倫敦的貝禮詩酒店（Bailey's Hotel）命名，還虛構了一個R.A. Bailey的簽名，至今仍是酒標固定會印製的字樣，事實上Bailey這位仁兄根本不存在，但……那有很重要嗎？好喝就好啦！

　　香甜濃郁、利於入口的乳味口感，淡淡的香草與巧克力味，讓貝禮詩很快的風靡全球，在夜店、酒吧成爲最受女性歡迎的香甜酒，簡單好調的特性讓許多飲酒人將它當成居家常備的『飲品』。

　　開瓶後的貝禮詩建議放在冰箱冷藏，或是置於陰涼無日照的地方保存，酒廠宣稱它的賞味期限約有24個月，さ……如果腸胃不好建議忽略這個數據，開瓶後盡快喝完，好喝又比較安心您說是嗎？『陳年』太久的貝禮詩酒液會呈現類似布丁的ㄅㄨㄞㄅㄨㄞ……如果家裡那瓶是你阿爸年輕時買來虧妹沒喝完的，那個和乳酪有90%像的硬塊千萬不要拿來吃……

超簡派喝法

貝禮詩奶酒加冰塊稀釋甜度即可飲用，最常見、最受歡迎的喝法是加鮮奶，或是加入黑咖啡飲用（一次加糖、加奶還附酒精真是划算又方便），也可以嘗試用它替代酒譜中的奶製品，例如亞歷山大、白色俄羅斯等雞尾酒，如果想喝醉漢一點的版本……就改用貝禮詩安心上路吧～

Irish Car Bomb

愛爾蘭汽車炸彈

　　第二次世界大戰結束後愛爾蘭脫離英國獨立，但北愛爾蘭（位於東北部的六個郡）議會決議讓英國統治，對激進的愛爾蘭民族主義者來說，這些人根本是妨礙祖國統一的絆腳石……早期他們頂多舉牌抗議、丟丟汽油彈。1969年，英國出兵北愛爾蘭導致衝突激化，開始爆發大規模流血衝突，從此愛爾蘭共和軍與英軍就陷入長期內戰，愛爾蘭共和軍三不五時就會公共場合放炸彈擾亂民心，這杯調酒即發想自這樣的歷史背景。

　　烈酒杯投入後杯底會迅速升起一團乳白，材料逐漸融合的過程……是不是很像汽車炸彈竄起的煙霧呢？貝禮詩（Bailey's）、詹姆森（Jameson）與健力士（Guinness）三個品牌都是誕生於愛爾蘭的世界名酒，真是一杯名副其實的愛國調酒啊！

　　說到汽車炸彈，還有一杯惡搞意味濃厚的調酒叫做**水泥攪拌車**（**Cement Mixer**），這杯酒的調法很特別——要以**人體雪克杯調製**：先喝下30ml的貝禮詩，含著不要吞下去，再喝下30ml的現榨檸檬汁，將兩種材料含在口中，跳一跳或漱漱口，在嘴裡調和兩種材料。因為奶類碰到酸會凝結產生結塊，瞬間出現類似嘔吐物上湧的特殊口感，就好像在口中進行水泥攪拌這樣……記得要吞下去沒有噴出來才算是調製完成唷～

INGREDIENTS

· 15ml 貝禮詩
· 15ml 詹姆森愛爾蘭威士忌
· 半瓶 健力士黑啤酒

STEP BY STEP

1　啤酒杯倒入冰鎮過的黑啤酒至2／3滿。

2　烈酒杯倒入各半盎司的奶酒與威士忌。

3　將烈酒杯投入啤酒杯，讓酒液自然混合。

TASTE ANALYSIS

微甜	咖啡	奶味

中低酒精度　　可林杯（或啤酒杯）、　　直調法
　　　　　　　　烈酒杯

愛爾蘭威士忌

愛爾蘭釀造威士忌的歷史比蘇格蘭還久遠，可說是威士忌的發源地，西元一千年左右，愛爾蘭僧侶將地中海地區製作香水的蒸餾器帶回歐洲大陸，鍊金術鍊鍊鍊就這樣鍊出蒸餾烈酒，這種作爲醫療用途的神秘液體被稱爲 **"Uisge Beatha"**，即蓋爾語『生命之水』的意思，也是威士忌一詞的語源。

18 ～ 19 世紀是愛爾蘭威士忌發展的最高峰，1779 年時釀酒廠居然高達 1200 家！政府爲了稅收開始打這些（大部分是非法經營）釀酒廠的主意，就這樣每天站崗、開罰單、課重稅，到了 1822 年只剩下 20 間有牌酒廠與 800 家非法私酒廠。

愛爾蘭威士忌命運之乖舛，幾乎可說是烈酒中的阿信（老師感恩的心請下謝謝）。1838 年，西奧博爾德‧馬修神父（Fr Theobald Mathew）有感於愛爾蘭酗酒問題太嚴重，開始提倡大規模的戒酒運動，許多小酒廠因此倒閉或被迫合併，大品牌則是靠著經營併購逐漸擴大規模。

1845 ～ 1852 年間，發生愛爾蘭大飢荒，死亡與移民的人口數高達全國四分之一，導致內需市場嚴重萎縮，1919 年，愛爾蘭又和它最大的威士忌客戶——英國人打獨立戰爭，經濟利益與民族尊嚴自古難兩全，外銷市場又再度受到打擊。

不過悲劇還沒結束，1920 年，愛爾蘭威士忌的第二大客戶——美國實施禁酒令，有地利之便的加拿大威士忌先順（ㄕㄨˋ）勢（ㄙ）進入美國搶市占率，禁酒令結束後，愛爾蘭又無法供應飢渴的美國人需求量（忍了 13 年你想有多飢渴？）此時已發展成熟，可以量產、選擇又多的蘇格蘭調和威士忌就這樣取而代之，加上英國持續關稅保護，讓愛爾蘭威士忌完全被打趴。

身爲威士忌發源地，也曾是世界上最歡迎的烈酒，愛爾蘭威士忌居然差點從地球上消失你敢信？（1960 年愛爾蘭只剩四間蒸餾廠慘澹經營），1966 年，靠著政府收編，將 Jameson 等酒廠合併，創立愛爾蘭釀酒公司（Irish Distillers Ltd），勉強延續愛爾蘭威士忌的命脈。

近代愛爾蘭威士忌的需求已開始復甦，不過對台灣人來說還是相對陌生的品項；相較於蘇格蘭威士忌，愛爾蘭威士忌風味清淡許多，這是因爲它不以泥煤（Peat）烘乾麥芽，不會有煙燻味（煙燻味是很多人喜歡、也是很多人不喜歡威士忌的原因），經過三次蒸餾取得的酒質柔順、雜質少，口感純淨相當受到歡迎～

　　除了大麥，愛爾蘭威士忌也會使用裸麥或小麥等原料，添加穀物威士忌的調和式品項更是市場主流，雖然經典雞尾酒用到的酒譜並不多，但用它替代各種威士忌當基酒、搭餐純飲都很適合，如果你曾有不好的威士忌飲用經驗，不妨試試愛爾蘭威士忌……說不定會改變你的想法唷！

詹姆森愛爾蘭威士忌
由John Jameson創立於一七八〇年，是目前最知名的愛爾蘭威士忌大廠。

B52

B52

利用各種材料比重不同、顏色也不同的特性，在杯中分層呈現的調製法，起源於法國的**普施咖啡**（**Pousse café**），它指的是一種作法而非特定的調酒，在19世紀中期的歐洲相當流行，1862年托馬斯將它收錄於著作，並歸類爲花式飲品（Fancy Drinks）的一種。

著作收錄的普施之愛就是其中一杯，三層材料分別是瑪拉斯奇諾、香草香甜酒與白蘭地……中間還有一顆生蛋黃漂浮，而且要由上而下、一層一層慢慢喝！對我們來說可能光用想的就覺得不太舒服，但當時可是一種很潮的喝法呢！

普施咖啡的變化很多，從兩種到十幾種材料都有（什麼都有就是沒有咖啡），Pousse一詞有推擠的意思，最早是飲用黑咖啡後中和酸苦感，或是當作餐後幫助消化的飲品，好像要把什麼『推』下去這樣，不過近代已很少用普施咖啡一詞，而是統稱爲**漸層調酒**（**Layered Drinks**），其中最有名的一杯……就是B52啦！

B52之名源自美國、有『同溫層堡壘』綽號的轟炸機，第二次世界大戰後B52開始研發生產，從越戰服役至今已60餘年，因爲CP值很高美軍還準備讓它服役到2050年，是一台阿公開完孫子開的傳奇性轟炸機，這杯B52喝完腦袋和胃好像都被炸過的感覺，用這個名字可說是再適合也不過～

最常見的說法認爲B52誕生於1977年，創作者是加拿大卡加利班夫溫泉酒店（Banff Springs Hotel）的彼得・費雪（Peter Fich），當時一位經營連鎖牛排館的顧客喝到這杯酒被嚇了好大一跳跳，決定將它放在自家酒單推廣，至今B52已有許多變化版本，但這三個材料組合還是最受歡迎的經典！

有些店家爲了讓B52更符合轟炸機的意象，最後會在酒液表面點火，但柑曼怡容易和貝禮詩混合降低酒精度不容易著火，於是開始出現在表面補高濃度烈酒的作法，像是96%的生命之水伏特加、75.5%的百加得151蘭姆酒，都能讓表面更容易點火～

燃燒的B52經常成爲壽星每年必吹的『蠟燭』，和善的朋友讓他吹個一兩支交差，兇殘的玩法可能會連續吹好幾支讓壽星直接進入飛航模式……這讓很多人以爲B52是什麼大規模的毀滅性武器，其實它的酒精度遠低於直接喝烈酒，一杯60ml的B52

總酒精含量還少於一瓶330ml啤酒，但B52甜甜的、效果快、失去意識也超快，是因爲喝快又喝多才容易醉倒，不要再相信沒有根據的說法嘿！

下次慶生想用些Special『款待』壽星嗎？除了這三瓶酒，只要再準備烈酒杯即可，注意點火後不要燒太久杯口會過燙，壽星除了飛航模式之外還會得到二度灼傷，如果不小心燒太久……就給壽星一根吸管吧！

POUSSE L'AMOUR.

收錄於托馬斯著作中的普施之愛，由下至上的材料分別是：瑪拉斯奇諾、香草香甜酒與白蘭地。

點火版的B52

INGREDIENTS

· 20ml 卡魯哇
· 20ml 貝禮詩
· 20ml 柑曼怡

STEP BY STEP

1　烈酒杯倒入卡魯哇。

2　以吧匙爲輔助，依序將貝禮詩與柑曼怡倒入杯中。

3　漸層完成後，將表面的酒液點燃。

TASTE ANALYSIS

奶味	柑橘	咖啡	高甜度

中高酒精度　　　烈酒杯　　　漸層法

漸層調酒技法

　　靠著工具輔助，製作漸層調酒其實並不難，只要稍加練習絕對能在親友面前好好秀一手！以下將以B52為例介紹漸層調酒的製作技巧～

A

漸層調酒

1　以慣用手持酒瓶、另一手以食指扶住瓶頸，讓酒液從正中央落入杯中，約三分之一滿時回正瓶身。

2　吧匙抵住杯壁中間的位置，將貝禮詩瓶口靠在匙背上，讓酒液沿著匙背──杯壁流下，約三分之二滿時停止倒酒。

3　斜拿酒杯，讓柑曼怡沿著杯壁緩緩流入杯中，當柑曼怡與貝禮詩確實出現分層，就開始慢慢回正杯身。

4　杯身回正的過程中仍持續倒酒，直到滿杯。

如果很難穩定流速，推薦用酒嘴倒酒，出酒孔貼住匙背能有效的控制出酒量，酒液也不會因為倒太慢從瓶口逆流。

B

以酒嘴製作漸層調酒

酒嘴（Pourer）

酒嘴（Pourer），又稱為注酒器，倒酒時用於穩定流量與防止逆流，讀秒或目測倒酒還有計量功能。除了出酒孔，酒嘴有氣孔方便排氣，倒酒時如果堵住它能短暫中止出酒，是專業調酒師連續倒多杯酒時常用的技法。

1　慣用手持酒瓶，另一手以食指扶住瓶頸，讓酒液從正中央落入杯中，約三分之一滿時回正瓶身。

2　吧匙抵住杯壁中間的位置，將貝禮詩瓶口的酒嘴靠在匙背上，讓酒液沿著匙背—杯壁流下，約三分之二滿時停止倒酒。

3　以相同的方式將柑曼怡倒入酒杯。

天～啊～（國劇甩頭）我已經練習好多次，還是無法順利將材料分層怎麼辦？好，如果不介意帥度降低，有一個阿基師偷吼步方法介紹給大家……準備秘密武器—公杯！

C

以公杯製作漸層調酒

公杯（Pourer）

公杯用於分裝材料，以鳥嘴設計為特色，倒酒時不易逆流且方便控制流量。

1　將材料分別倒進三個公杯，這個方法尤其適合要一次調很多杯的場合。如果只要調一杯就先量好各20ml的材料，超～精～準～很適合有強迫傾向的調酒人。

2　卡魯哇從杯口正中心緩慢倒入，只要不沾到杯壁這杯就成功一半ㄌ。

3　斜拿酒杯，讓貝禮詩從杯壁流入杯中，一成功分層就立刻回正酒杯。

4　從杯口正中心補貝禮詩至三分之二滿，小心不要沾到最上方的杯壁。

5　微傾斜酒杯，將鳥嘴端靠在杯緣，讓柑曼怡沿著杯壁流下，一成功分層就立刻回正酒杯。

6　緩慢的補滿柑曼怡，不要倒太快衝擊到與第二層的交界。

卡魯哇與貝禮詩的分層較簡單，第三層的柑曼怡容易與第二層混合，上端杯壁不要沾到奶酒或咖啡酒會比較容易成功，二三層要分得完美幾乎不可能，交界處有些微的混濁是正常的！

Drambuie

吉寶

—— 王子的禮物 ——

　　吉寶（Drambuie）是一種以陳年威士忌調和蜂蜜、藥草與香料製作的香甜酒，有些將它翻譯爲『金盃』或是俏皮的『轉不已』，都是由音譯而來的名稱，酒標標示 **Prince Charles Edward Stuart's Liqueur**，代表這瓶酒傳奇性的起源。

　　1688 年英國爆發光榮革命，信奉天主教的英王詹姆斯二世被罷黜王位，改由信奉新教的女兒瑪麗二世與夫婿威廉三世共同攝政，他的兒子詹姆斯・弗朗西斯被扮成洗衣女工的皇后偷偷帶到法國，從此這對流亡海外的父子一直想~~反攻大陸~~奪回王位，而擁護他們爲正統王位繼承者的人就被稱爲詹姆斯黨（Jacobitism），不過幾次起事都吃敗仗，父子倆就這樣一直龜在法國……

　　直到 1745 年，詹姆斯・弗朗西斯又帥又有魅力的兒子——查爾斯・愛德華・斯圖亞特王子（史稱查理小王子）率兵起事，前期的勝仗讓詹姆斯黨燃起復辟野望，但隔年卡洛登沼澤一役，小王子被政府軍打爆、黨羽幾乎被屠殺殆盡，他也步上阿公阿爸後塵，開始浪漫曲折的流亡人生。

　　當時政府軍重金懸賞三萬英鎊（約今 1500 萬英鎊）抓小王子，躲在高地區飄來飄去的他每天都有人看到，卻沒有人去舉報領賞~~其能說大帥眞好~~。後來透過黨員弗洛拉・麥克唐納（Flora MacDonald）的協助，小王子先被藏在本貝丘拉島，再輾轉由麥金儂（MacKinnon）家族照顧，祕密策劃送他回法國東山再起。

　　一個月黑風高的晚上，弗洛拉將俊俏的小王子變裝成愛爾蘭女僕，將『她』取名爲貝蒂・伯克（Betty Burke），坐上桶子快樂的出航了……這段~~搞娘倫渡~~故事還被改編成知名的蘇格蘭民謠——斯凱島船歌（The Skye Boat Song）傳唱至今。

　　小王子爲了感謝麥金儂家族情義相挺，在臨別前將家族秘藏的藥酒配方傳給他們，這酒香甜濃郁層次又豐富，更厲害的是還有治療效果！於是他們用蓋爾語稱它爲 Drambuidheach，意思是『讓身心愉悅的飲料』，也就是 Drambuie 這瓶酒名稱的由來。

　　19 世紀末，詹姆斯・羅斯（James Ross）從麥金儂家族取得配方，在斯凱島的布雷得佛飯店（Broadford Hotel）研究改良，並於 1893 年取得商標出售，後來詹姆斯的遺孀迫於經濟壓力將配方賣出，巧合的是購買者也是姓麥金儂的家族！

20世紀初，麥金儂家族開始量產吉寶香甜酒，1916年，它成爲第一瓶被允許進入英國上議院酒窖的香甜酒，也配發給駐紮在世界各地的英軍。雖然『**王子的禮物**』這個聽起來很韓風的行銷故事不知道是眞是假，但它確實成功了，讓吉寶成爲世界上最知名的香甜酒之一。

喬裝成貝蒂・伯克的查理小王子

吉寶15年威士忌
（ **Drambuie 15 Year Old** ）
吉寶酒廠推出的新品項，採用更高年份斯佩塞威士忌爲基底製作，甜度更低、酒精度更高，就像已經調製完成的鏽釘雞尾酒，很適合純飲。

超簡派喝法

以蘇格蘭威士忌爲基底的吉寶很適合純飲，有些人會睡前一杯當養命酒喝，如果覺得甜度太高或酒精感太強可以加冰塊飲用，其他像是加入薑汁汽水、檸檬汽水的喝法也很受歡迎，想喝酒精度高一點的話，就摻各種烈酒喝喝看吧！

Rusty Nail

鏽釘

用到吉寶的經典雞尾酒不多，但是厲害的，一杯就夠。

有一說認為鏽釘源自禁酒令期間，有位調酒師發現放吉寶香甜酒的木箱上有鐵釘生鏽，他就把鐵釘拔下來攪拌出這杯酒（這樣真的可以嗎）；另一說認為鏽釘誕生於1942年的夏威夷酒吧，是一杯調製給熟客——西奧多・安德森（Theodore Anderson）的酒，據說他喝過之後，說『這杯酒滑順的像枚生鏽的釘子』~~，可能是因為瓶蓋生鏽力~~，因此得名。

不過根據考證，類似的喝法最早可追溯到1937年的英國產業博覽會（British Industries Fair），並以活動的縮寫命名為BIF，除了兩種材料還添加苦精。此後它就以不同的名字出現在各地，像是太平洋戰爭的美國空軍稱它為米格21、紐約則是稱它為小俱樂部1號（Little Club No. 1）。

知名調酒師、作家戴爾・達高夫（Dale DeGroff）則認為，現今流傳的鏽釘酒譜源於D&S（吉寶的D與蘇格蘭威士忌的S），誕生於1950年代紐約的21 Club，與B&B系出同門，都是該俱樂部調酒師創作的雞尾酒。

1963年，吉寶酒廠的老闆——吉娜・麥金儂（Gina MacKinnon）一聲令下：『**我說這杯酒叫鏽釘、這杯酒就要叫鏽釘**』~~吉寶是我在罩的不爽不要喝~~，於是這個聽起來不是很可口、喝完感覺會破傷風的名字就拍板定案，沿用到現在。

鏽釘雞尾酒大為流行歸功於1970年代、以法蘭克・辛納區（Frank Sinatra）為首的鼠黨（Rat Pack）——由幾位擅長說學逗唱的好萊塢藝人組成的演藝界小圈圈，他們經常在類似歌廳秀的表演同台，想像一下豬哥亮、余天、賀一航、康弘這樣（年紀太輕的朋友快去google），因為他們很喜歡喝鏽釘，無論是演出或公開場合都經常提到，也帶起這杯酒的流行。

鼠黨成員

　　鏽釘就是這樣一杯酒：**簡單**、**好調**、**人人都會**，關鍵差異就在於選酒，威士忌品牌有千百種，不同的種類、產地、製程與年份，讓每一杯（支）鏽釘都有不同的味道，用這瓶王子的禮物多加嘗試，找出屬於你的完美組合與最佳比例吧！

INGREDIENTS
- 75ml 蘇格蘭調和式威士忌
- 15ml 吉寶

STEP BY STEP
古典杯裝入冰塊，將兩種材料倒入後，攪拌均勻即可飲用。

TASTE ANALYSIS

| 微甜 | 蜂蜜 | 藥草 |

極高酒精度

古典杯

直調法

Midori

蜜多麗

―― 香甜哈密瓜 ――

Midori是日文『綠色』（みどり）的意思，酒如其名綠到發亮，它不只好調又好喝、近似哈密瓜紋路的磨砂瓶身與翠綠色酒液，外型相當吸睛，是許多人在家調酒首選的香甜酒。

蜜多麗（Midori）的前身誕生於1964年，當時只是愛瑪仕（Hermes）香甜酒的蜜瓜口味，原產於日本的它一開始默默無聞，也並未銷售到其他國家。直到1971年，國際調酒師協會（IBA）在東京舉辦比賽，其中一位選手以這款蜜瓜香甜酒調製作品，評審一喝被嚇了好大一跳跳，三得利（Suntory）公司受到激勵，決定重新研發、改良這瓶酒。

1970年代，迪斯可（Disco）文化透過電影**週末夜狂熱（Saturday Night Fever）**的賣座達到高峰（回家問你阿爸阿母搞不好當年他們都跳過），劇中吹著飛機頭、穿緊身襯衫與喇叭褲的男主角——約翰・屈伏塔（John Travolta）成為一代舞王，現實生活中，他也是當時紐約最知名俱樂部——Studio 54的常客。

歷經七年，濃縮濃縮再濃縮、提煉提煉再提煉（賣藥電台語氣），蜜多麗終於在1978年正式推出，三得利選在Studio 54舉辦盛大派對，邀請週末夜狂熱的演員出席順便發表新產品，什麼都要潮的夜店男女看到這杯綠綠的、香香甜甜的調酒都驚呆ㄉ～不管裡面裝的是什麼都給我來一杯！隨著迪斯可文化風行，這股綠色旋風席捲全美，至今仍是蜜多麗最大的外銷市場。

蜜多麗的製作原料相當夢幻，以**夕張哈密瓜，搭配靜岡縣與愛知縣的麝香蜜瓜**，兩種都是切開後會有LED燈效果的奢華名物，能用平易近人的價格一次喝到是不是很划算呢？2013年，蜜多麗的內容物再經過調整，訴求材料全天然製作，化學味與甜度都大大降低，無論是超簡派或經典調酒，味道都較以往自然許多。

超簡派喝法

如果只是想超簡派調酒，除了好喝與簡單不求別的，蜜多麗是我最推薦的香甜酒，因為它與各種材料簡直百搭：鮮奶、果汁（柳橙汁、鳳梨汁、檸檬汁、蔓越莓汁、葡萄柚汁）、碳酸飲料（蘇打水、通寧水、薑汁汽水、檸檬、橘子汽水、蘋果西打）、葡萄酒（氣泡酒、白酒）……如果搭配的材料偏甜，只要再擠點檸檬汁平衡口感即可，那些不能喝酒辣辣的朋友來訪時，調這瓶就對了啦！

Japanese Slipper

日本拖鞋

　雖然名爲日本拖鞋，但這杯酒的誕生地卻是澳洲墨爾本，創作者是米耶塔餐廳（Mietta's Restaurant）的尙·保羅·布吉尼翁（Jean-Paul Bourguignon），時間是1984年，那年蜜多麗問世剛滿六年，也是首度在日本公開發售，是一個衣錦還鄉的概念。

　如果不喜歡日本拖鞋偏甜的口感，可以嘗試另一杯以三得利公司爲名的**Suntory Cocktail**；只要將君度橙酒換成檸檬伏特加（用量略增爲45ml，用一般伏特加亦可）、再將檸檬汁換成葡萄柚汁調製。

INGREDIENTS

· 30ml 蜜多麗
· 30ml 君度橙酒
· 30ml 檸檬汁

STEP BY STEP

1　將所有材料倒進雪克杯，加入冰塊搖盪均勻。
2　濾掉冰塊，將酒液倒入已冰鎮的馬丁尼杯。
3　投入糖漬櫻桃作爲裝飾。

TASTE ANALYSIS

| 酸甜 | 柑橘 | 蜜瓜 |

中酒精度　　馬丁尼杯／先冰杯　　搖盪法

Green Eyes

綠眼

1978年，蜜多麗在Studio 54打響名號，同一年，美國調酒師協會年度大獎，獲得冠軍的酒譜又是以蜜多麗為基酒的**宇宙**（**The Universe**）……不過這杯酒實在很難調出來，因為裡面有項材料是開心果香甜酒（Pistachio Liqueur），無論是台灣或國外都超難找的！

據說1983年的冠軍調酒……又是以蜜多麗為基酒的綠眼（Green Eyes），隔年甚至還被選為奧林匹克指定飲品，後續蜜多麗得到冠軍獎狀的次數更是多到當壁紙貼，網路上看到這些資料我也是驚呆，奧林匹克這麼健康的活動怎麼會讓大家酗酒呢？真的有指定飲品這回事嗎？

不過老話一句，好喝才是最重要的！綠眼就像是蜜多麗版的鳳梨可樂達（Piña colada），炎炎夏日來上一杯充滿熱帶水果風味的雞尾酒，可說是最奢華的享受呀！

INGREDIENTS

· 25ml 蜜多麗
· 30ml 蘭姆酒
· 15ml 椰漿
· 15ml 檸檬汁
· 45ml 鳳梨汁

TASTE ANALYSIS

| 酸甜 | 柑橘 | 蜜瓜 | 椰味 |

中低酒精度

颶風杯

混合法

STEP BY STEP

1 將所有材料倒進果汁機，加入適量冰塊。
2 打勻所有材料，倒入颶風杯。
3 以柳橙片、糖漬櫻桃與鳳梨葉作為裝飾。

Sex on the Beach

性感海灘

　　每次提到Sex on the Beach這杯酒，都要想怎麼翻譯才不會被NCC罰錢，明明就是在海灘上野〇，可是在海灘上〇合好像又不太文雅……這個名字到底是誰想出來的呢？1987年，佛羅里達州有間酒商為了促銷自家新上市的蜜桃酒，舉辦了一個促銷活動：銷售量最大的店家可以獲得獎金，店內的調酒師還可以額外得到一筆獎金。當時在肯菲迪酒吧（Confetti's Bar）工作的泰德・皮西歐（Ted Pizio）在店內向客人推薦自己的作品，當別人要求他為這杯酒命名時，他看了看海灘上的男男女女，心想會到這兒的大部分是為了兩件事：海灘與修〇，不如摻在一起叫它Sex on the Beach吧！

　　性感海灘的酒譜有很多版本，比較常見的版本是使用伏特加、蜜桃白蘭地、黑莓香甜酒、蔓越莓汁與鳳梨汁，其中蜜桃白蘭地（Peach Schnapps）多以蜜桃香甜酒代替，鳳梨汁也經常改用柳橙汁，不同調酒師選的香甜酒也不一樣……還好它『伏特加＋香甜酒＋果汁』的結構很大眾化，怎麼調都不會不好喝。

　　本酒譜參考波士頓調酒聖經改編，從原本的短飲改為長飲的形式，選用伏特加、蜜多麗、華冠香甜酒與兩種果汁，如果手邊有不同的香甜酒或酸味果汁，都可以拿來試試看唷！

INGREDIENTS

· 60ml 伏特加
· 15ml 蜜多麗
· 15ml 華冠香甜酒
· 45ml 鳳梨汁

STEP BY STEP

1　將所有材料倒進雪克杯，加入冰塊搖盪均勻。
2　將酒液連同冰塊倒入颶風杯中，補滿冰塊至杯口。
3　以柳橙片與糖漬櫻桃作為裝飾。

TASTE ANALYSIS

| 酸甜 | 鳳梨 | 莓果 | 蜜瓜 |

中酒精度

颶風杯

搖盪法

椰子糖漿

有些酒譜會出現椰漿、椰奶等材料，英文通常是Coconut cream或Coconut milk，經常讓初學調酒者不知如何選擇，有些分法將椰漿當成較濃郁、果肉含量重的品項，椰奶則是接近液狀、味道較清爽，認為前者適用於料理，後者適用於甜品或飲料。

那……該怎麼選擇呢？不用煩惱、放下執念，這兩種品項都不建議用於調酒，因為它們大多是罐頭裝或利樂包，不僅保存期限短、罐頭還很容易生鏽，而且每次為了調一杯酒就買一罐，剩下的九成五只能放到復興中華很浪費……最後也是最重要的原因—此類品項大多『**沒有甜味**』，用於調酒必須另外補糖漿，除非是選用即飲的椰奶飲料（例如莎莎亞），但這樣椰味又會顯得過稀。

還好，雖然說自古忠孝難兩全，但是調酒不會，遇到使用椰漿或椰奶的酒譜，以**椰子糖漿**替代即可！既有椰味、甜味，保存上也很容易，一次解決三個問題根本是調酒界的生活智慧王！不過椰子香甜酒不可以，因為它大多是透明的，沒有辦法像其他椰製品調出白稠濃濁的視覺效果（搭配這就是嘉明的味道手勢）。

真‧椰子糖漿，這個真的
很好ㄘ，你ㄘㄘ看。

華冠香甜酒

　　華冠（Chambord）香甜酒，有些音譯爲香波酒，是以黑覆盆莓、黑莓與黑加侖果汁調和，加入干邑白蘭地、香草、蜂蜜與辛香料製作的香甜酒。由於黑莓外觀近似桑葚，有些人習慣將它稱爲桑葚酒。

　　據說華冠的起源可以追溯到17世紀，當時法王路易十四造訪Château de Chambord（香波堡），城堡特別爲他釀製了這瓶酒，爲了傳達皇室的意象，華冠的瓶蓋特別設計成皇冠造型，加上球體瓶身，外觀就像一個美麗的香水瓶。

　　雖然華冠的起源可以扯到17世紀，但它正式上市是1982年，因此沒有什麼經典雞尾酒會用到，不過……只要酒譜有用到莓果類香甜酒都可以改用它試試看，它酸酸甜甜的口感相當討喜，香氣優雅經常能爲成品畫龍點睛，只是酸甜與酒精感拿捏很重要，避免出現不討喜的藥水味兒～

華冠香甜酒的舊瓶包裝。

2010年上市，華冠香甜酒的新瓶包裝。

Jägermeister

野格

—— 獵人之酒 ——

以公鹿為酒標的酒有很多，但其中最有名的莫過於**野格**（**Jägermeister**），這款暢銷全球的藥草香甜酒，最早居然是一瓶止咳藥水！這到底是怎麼回事呢？

時間是7世紀末，聖‧休伯特斯（Saint Hubertus）的妻子因難產身亡，抑鬱的他離開宮廷到阿登森林隱居（現今比利時與盧森堡交界處），終日沈迷狩獵、嗜殺成性並以此為樂，連耶穌受難日也照樣去打獵，但他萬～萬～沒有想到（盛竹如語氣），那一天（停頓，畫面開始轉換）竟然改變了他的一生⋯⋯

森林裡，休伯特斯追逐著一頭雄壯的公鹿⋯⋯就在他準備放箭的那個moment，公鹿突然轉頭、開口說話了：『**休～伯～特～斯～（回音特效），快放下你手中的箭，信仰主、服侍主，過聖潔的生活好好修行吧！否則你一定會下地獄der～**』

Wilhelm Räuber的畫作──聖‧休伯特斯的皈依

休伯斯特聽到公鹿居然會說話、頭上還有十字架發出聖光，嚇的趕緊跪在地上請求神的指引，受到感召後他隨著主教修行，放棄爵位並將所有財產捐獻給窮人，終生致力於禱告、禁食與宣教，他曾徒步走到羅馬，一路行善不懈、神蹟無數，死後被尊為獵人的守護聖者，負責祝禱並守護獵人，也就是獵人的守護神！

Jäger是德語的獵人，meister則是指大師，所以Jägermeister就是獵人中的專精者，也就是豹頭說的『高手高手 高 高 手』（絕對不會冨樫）。這瓶酒正確發音近似『耶哥買伊斯特』（買為一聲，伊要短音），想要帥烙德文點酒要注意，千萬不要唸成杰哥會很掉漆。

Jägermeister發源於巴洛克時期，負責守護林場與獵場的看守人，這個概念就像要能調停武林紛爭者自己一定要是武林高手是一樣的道理。1934年，擔任德國國家狩獵部部長的赫爾曼・戈林（即後來納粹的戈林元帥），通過國家狩獵法將Jägermeister納入公務體系，因為部長就是等級最高的Jägermeister，所以有些人會稱野格為Göring-Schnaps（戈林烈酒）。

野格的發明者柯特・麥斯特（Curt Mast）本身也是一位獵人，剛開始他只是想用這個傳說販售他的鹿頭牌止咳藥水，酒裡面添加許多幫助消化、緩解呼吸道症狀的藥草，獵人在外打獵難免受點風寒，帶這罐鹿茸酒可以當隨身的保力達B，沒想到這瓶酒不只能治病，而且……還很好喝哩！80年代野格的廣告開始主打派對歡樂風，讓它從一瓶德國藥酒變成辦趴聖品，成功推廣到年輕人與學生市場。

藉由贊助各種音樂、藝術與體育活動大量曝光，現在野格已經是各大夜店與酒吧必備的香甜酒，更是很多人開趴辦活動的首選……還記得醉後大丈夫第一集，眾人在飯店天台喝那瓶被下藥的酒嗎？就是野格啦！

電影《醉後大丈夫》劇照

超簡派喝法

　　野格官方最推薦的喝法就是凍飲，對～就這麼簡單！整瓶放進冷凍庫冰幾個小時，要喝的時候再拿出來尻，這種喝法可以降低酒精刺激感，喝起來比較不甜更易於入口，野格的八角、甘草香氣濃郁就像在喝液體瓜子，很適合當成飯後的甜點酒！

　　如果凍飲還是無法接受，那就試試野格炸彈吧！碳酸飲料不一定要紅牛，沙士、可樂與薑汁汽水等都很搭，一個人喝就調一杯，如果想在家辦趴、一次調很多杯，還可以用調製野格炸彈連續技！

Jägermeister Bomb

野 格 炸 彈

　　野格是近代崛起的香甜酒，幾乎沒有經典雞尾酒會用到，不過老話一句：厲害的，一杯就夠！有些夜店或美式酒吧為了炒熱氣氛，會將野格炸彈用骨牌的方式呈現，連續『炸』出好多杯，其實這一點都不難，只要有適當大小的杯具，練習一兩次人人都能輕鬆上手！

1. 準備高球杯與烈酒杯數個，高球杯裝三分之一滿的碳酸飲料（推薦薑汁汽水），排放成一直線，杯與杯之間略留一點空隙，再將烈酒杯倒滿野格，放在每個高球杯之間。
2. 拿其中一個裝滿野格的烈酒杯，敲擊最外側的烈酒杯，烈酒杯就會像骨牌依序落入高球杯，這時一旁的人就要看著爆彈濺灑，發出驚呼～
3. 將手中的烈酒杯投入最外側的高球杯，欣賞完最後一發炸彈，分給現場每個人一飲而盡，然後一起大喊：耶ㄍ棒！（Jäger-bomb）
4. 剛開始可以先裝水練習，如果杯子夠多，甚至還可以擺成一個圓形，如果找不到可以搭配的大小杯，請在Google以『炸彈杯組』搜尋，可以找到已經整組配好的商品。

對了，不喜歡野格的人，喝完最常說的評語就是『**很像感冒糖漿**』，下次再聽到有朋友這樣說，就回答他：『**這真的是一瓶感冒糖漿。**』**然後跟他收點掛號費補貼酒錢**。還有還有，現在的野格應該是沒有止咳效果ㄉ，有一次感冒我試圖用野格『治療』，結果……又多咳了一個月。

野格炸彈杯組

INGREDIENTS

· 30ml 野格
· 適量 紅牛能量飲料

STEP BY STEP

1　高球杯倒入半滿的冰鎮紅牛。
2　烈酒杯倒滿野格。
3　將烈酒杯投入高球杯，Bomb！

TASTE ANALYSIS

| 酸甜 | 藥草 | 氣泡 |

中低酒精度　　　高球杯　　　直調法

Southern Comfort

南方安逸

──紐奧良風情──

南方安逸（Southern Comfort）是以中性酒精調和香料與水果製作的香甜酒，但它最早其實是為了改良威士忌口感而誕生的產物，歪果仁通常將它暱稱為SoCo，台灣早期則是音譯為金馥香甜酒。

1874年，紐奧良法國區有間名為麥考利（McCauley's）的酒館，店裡的調酒師——馬丁·赫倫（Martin Heron）發現每批到貨的威士忌品質並不穩定，為了讓客人能喝到一致的口味，他以威士忌調和香料與水果進行改良，並將它稱為袖口與鈕扣（Cuffs and Buttons）。

赫倫的特調香香甜甜刺激性又低，就連原本覺得威士忌酒辣辣臭臭的人也能輕鬆享用，熱賣幾年後他搬到田納西州，決定將這個秘方裝瓶出售，因為原本的名字實在不太好唸，酒名就改成聽起來很歡樂的——南方安逸。1898年赫倫將南方安逸註冊商標，酒標印上"None Genuine But Mine."的字樣，這僅此一家別無分號的宣示，印製在各個年代的南方安逸酒瓶上。

1900年與1904年，南方安逸分別在巴黎與聖路易舉辦的世界博覽會得到金牌，被譽為南方最偉大的飲料。1939年，全球賣座的電影亂世佳人（Gone with the Wind）上映，南方安逸搭上順風車，以女主角郝思嘉（Scarlett O'Hara）為名調了一杯雞尾酒進行推廣，喝起來酸酸甜甜看起來不拾不拾，讓南方安逸開始得到全球性的知名度。

超簡派喝法

南方安逸就像一瓶已經調製完成的雞尾酒，香甜還帶有水果風味的特色相當討喜，只要加入冰塊即可飲用，如果還是覺得太甜，就加蘇打水、可口可樂或薑汁汽水、再擠個檸檬角就很好喝囉！

Scarlett O'Hara

郝思嘉

　　1939年的亂世佳人，讓飾演女主角郝思嘉的英國籍女演員費雯・麗（Vivien Leigh）得到奧斯卡影后，1951年的慾望街車（A Streetcar Named Desire）又讓她得到第二座奧斯卡影后，保安～保安～影后可以這樣得了又得得了又得嗎？

　　當然可以，因爲好萊塢史上最厲害的女醉漢，凱特・布蘭琪與費雯・麗並列第一，如果不信，藍色茉莉還有慾望街車看一下，懂？

《亂世佳人》中飾演女主角的
費雯・麗（Vivien Leigh）。

INGREDIENTS

・45ml 南方安逸
・45ml 蔓越莓汁
・20ml 檸檬汁

STEP BY STEP

1　將所有材料倒進雪克杯，加入冰塊搖盪均勻。
2　濾掉冰塊，將酒液倒入已冰鎮的淺碟香檳杯。
3　以檸檬片作為裝飾。

TASTE ANALYSIS

酸甜	莓果	蜜桃

中低酒精度　　淺碟香檳杯／先冰杯　　搖盪法

電影《慾望街車》劇照

　　麗在慾望街車中飾演女主角布蘭琪（這個布蘭琪不是那個凱特布蘭琪），是位家道中落、不得不前往**南方**投靠妹妹與妹夫的女醉漢，片中她不是在尻Shot，就是準備開始尻Shot。飾演男主角（妹夫）的馬龍・白蘭度與女主角第一次見面，一邊秀胸肌腹肌二頭肌，一邊說自己的座右銘是"Be Comfortable."而欲望街車裡指的街車，就是位於**紐奧良**的有軌電車，這如果不是置入應該就是有鬼了。

　　或許是害怕歲月在臉上刻劃的痕跡，也或許是不想讓人看到自己喝瞎後的狼狽，布蘭琪很不喜歡開燈總是生活在暗處，就在片中第N次情緒失控時，她順手從地上抄起一瓶酒，因爲太暗加上喝瞎，她居然看著酒標大喊南方乾杯！！（Southern Cheer!!）這個置入有點厲害，故意把酒名講錯還可以製造話題。

　　布蘭琪也在片中教大家怎麼喝，就是**開瓶→對嘴→喝**，喝完後她大大讚賞了南方乾杯，說這瓶酒怎麼這麼好喝這麼香甜？**我不敢相信這是酒！**不過各位還是理性飲酒比較好，阿姨有練過小孩子不要學，套過可樂再喝吧！

　　說到可樂，有一幕布蘭琪的妹妹史黛拉拿可樂給她喝，布蘭琪問妹妹說：『裡面只有可樂嗎？』妹妹愣了一下，回說：『難道妳要加酒嗎？』布蘭琪就說了欲望街車裡令人印象最深刻的台詞："A Shot never did a Coke any harm."（譯：拎鄒罵喝可樂一定要套威士忌），這不是眞醉漢，什麼才是眞醉漢？

Alabama Slammer

阿拉巴馬監獄

　　阿拉巴馬監獄的起源已不可考，只知道它是一杯誕生於70年代初期、80年代達到流行巔峰的雞尾酒，它酸酸甜甜好喝又沒有酒味的特色，很受會喝一點又不是很幹喝的大學生歡迎，因此有一說認為它可能起源於阿拉巴馬大學，是一個大學生喝蝦把所有東西套柳橙汁一起喝的概念。

　　由湯姆・克魯斯（Tom Cruise）飾演男主角、1988年的電影——**雞尾酒**（**Cocktail**）敘述一名剛退伍的年輕人布萊恩，因求職不順最後輾轉當了Bartender，看他如何從紙醉金迷的夜生活，追尋自我最後找到真愛的故事……劇情雖然很八點檔，但這部電影提到不少80年代流行的調酒，也對Bartender的工作內容多有著墨，相當值得一看。

　　片中有一段男主角布萊恩不知道哪根筋燒壞，調酒調到一半突然拿了一瓶酒跳上吧台『吟詩』，但他不僅沒被拖下來圍毆，還讓店裡的客人聽得如癡如醉~~真的是大師站吧台大醜抓去埋~~，自稱世界上最後一位調酒師詩人的他，一口氣唸了好幾杯自己拿手的雞尾酒，喊到爆青筋的就是這杯阿拉巴馬監獄！

電影《雞尾酒》劇照

　　阿拉巴馬監獄味道豐富又討喜，唯一的缺點是太甜，因爲四種材料都～是～甜～的～光用看的就快得糖尿病何況是用喝的？所以本酒譜建議加碎冰飲用、柳橙也要挑偏酸的榨汁（或另外加少許檸檬汁），酸甜度才會均衡一點。

　　將杏仁香甜酒換成伏特加，這杯酒就變成 **Slow southern Screw**，因爲有一杯超簡派調酒──**螺絲起子**（**Screwdriver**）是由『伏特加＋柳橙汁』調製，如果再加野莓琴酒（取其諧音爲Slow）與南方安逸，就組成了這杯充滿性暗示的──慢慢蘇湖的愛愛（Screw有~~惨幹~~交媾的意思），雖然名字有點不雅，但比阿拉巴馬監獄好喝我的觀察啦。

INGREDIENTS

· 20ml 南方安逸
· 20ml 迪莎蘿娜
· 20ml 野莓琴酒
· 60ml 柳橙汁

STEP BY STEP

1　將所有材料倒進雪克杯，加入冰塊搖盪均勻。
2　濾掉冰塊，將酒液倒入已裝滿碎冰的厚底長飲杯。
3　以檸檬片作爲裝飾。

TASTE ANALYSIS

| 酸甜 | 蜜桃 | 杏仁 | 莓果 |

中酒精度

厚底長飲杯

搖盪法

野莓琴酒

Sloe（黑刺李）是一種歐洲常見的植物，它的果實酸澀沒有食用價值，17世紀時大多作為田地分界的作物，因為樹枝帶刺等於是現成的圍籬，還好，英國的醉漢幫它找到出路，他們將採收下的黑刺李浸泡在琴酒中，再加入大量的糖密封起來，陳放數個月後再打開來飲用。

這打開一喝，哎唷！一個嬌嗔～少！女！心！大！爆！發！怎麼酸酸甜甜好喝又沒有酒味，霎那間背景畫面全都變成粉紅色，實在是太好喝了以後喝不到怎摸辦？（薛家燕式叉燒打滾）後來每到秋末農民就開始採收這種原本是廢物的果實泡酒，到了深冬再進行一個暢飲的動作好不歡愉～

這樣的喝法很快就風行在英國鄉間，19世紀晚期，它從農作副產品變成有琴酒廠專門製作這種酒，並以Sloe Gin命名它（台灣多以野莓琴酒稱之）。

我們現在喝到的阿拉巴馬監獄，可能與當時的味道完全不同，這是因為野莓琴酒在70年代的美國很多都是山寨的，它們只是以中性酒精調和香料與色素製作，但還是以Sloe Gin為名出售，或許是因為這樣，才會調製成超甜超果汁的少女酒——阿拉巴馬監獄給喝粗飽的大學生喝。現在的野莓琴酒製作非常精良，純飲或加冰塊就很好喝，用於調酒可以讓成品酸甜又帶有莓果香與微澀口感，是相當好用的『香甜酒』。

紅天鵝野莓琴酒

SOUTHERN COMFORT 3

Woodland Punch

林地潘趣

　位於密西西比河河畔，有間名爲林地農場（Woodland Plantation）的民宿，這棟國家指定古蹟創建於1834年，一百年後，也就是美國禁酒令結束翌年，由於它具有象徵南方文化的意義，被重啓生產的南方安逸印於瓶身上，直到2010年的換瓶才消失。

密西西比的家（A Home on the Mississippi, 1871）
1934年～2009年間生產的南方安逸，酒標都有印上這棟建築物。

林地農場鳥瞰圖
林地農場是對外開放的民宿，還有奴隸房型可以體驗一下，圖片取自官網。

林地農場重新裝修於1999年對外開始營業，原本的教堂被改裝成酒吧，供應由民宿老闆佛斯特・克里佩爾（Foster Creppel）創作的林地潘趣，是個招牌雞尾酒的概念。

INGREDIENTS

· 60ml 南方安逸
· 90ml 鳳梨汁
· 1tsp 紅石榴糖漿
· 適量 蘇打水

STEP BY STEP

1　將蘇打水以外的材料倒進可林杯，加入冰塊攪拌均勻。
2　補滿蘇打水，以檸檬角作為裝飾。

TASTE ANALYSIS

| 酸甜 | 蜜桃 | 莓果 | 鳳梨 |

中低酒精度

可林杯

直調法

潘趣／派對酒

潘趣（Punch）一詞源自梵文，意思是『五』，代表調製這種飲料的五種材料：酒、糖、檸檬、水、茶或香料。

Punch 發源於 17 世紀初，大航海時代的水手們海上漂泊難免需要一些療癒身心的飲料，原本他們只是將蘭姆酒與運送的貨物喇一喇就歡樂暢飲，後來由東印度公司的水手將這種喝法帶回英國，逐漸發展出調整缸、酒精濃度低、加料加很多、加很大的喝法。17 世紀晚期到 19 世紀中期這種喝法達到全盛，美國調酒教父托馬斯在 1862 年出版的著作中，將 Punch 列為第一種介紹的調酒可見其重要性，在台灣除了音譯為潘趣，有些會意譯為『派對酒』。

19 世紀晚期，精緻的、有名字的特色雞尾酒一杯一杯誕生，Punch 酒逐漸式微，不過到了 20 世紀中期，調酒文化開始普及於家庭，Punch 酒簡單好調、好喝酒精濃度又低的特性，相當受到婦女或是美幹拎的少男少女青睞，就這樣進行一個原地滿血復活的動作，人人家中都有一個**潘趣缸**（**Punch bowls**），平時拿它裝蔬果沙拉，戰時用它來酗酒喝瞎，是僅次於折凳好用的居家必備工具。

現在 Punch 酒已經相當盛行於家庭招待親友，或是宴會、雞尾酒會使用，因為它不需要專業的調酒師一杯一杯精心調製，只要預先喇好一大缸，客人來一個就倒一杯、來兩個就撈一雙，缸裡面顏色花花綠綠還有好多種水果看起來就很好喝，而且還很省預算哩！

未達法定飲酒年齡也可以考慮無酒精的 Punch 缸調酒，只要準備一個大的~~垃圾桶~~透明容器，先冰塊往死裡裝，然後倒滿柳橙汁（鳳梨汁、蘋果汁什麼汁的都可以），再補個藍柑橘或紅石榴糖漿製作漸層暈開的效果，最後切個幾片展現刀工的檸檬片丟進去漂浮就很有架勢至少 87 分。園遊會的學生特愛用這招因為一杯成本 5 元可是撈一杯給客人可以收 50 元相當暴利，想要成為大奸商孩子的學習不能等～

不過身為一個無酒不歡的醉漢，要怎麼樣調製出 U 質、好喝而且成本不高的 Punch 調酒呢？如果你是公司活動被凹負責調飲料的衰鬼、或是家裡來了一堆不懂酒又想喝酒的人，就拿下面這招應付他們，保證讓你帥度破錶：

1   準備一個大型的透明容器（就算真的找不到也不要找有蓋子的，因為真的很像垃圾桶），容量至少要有 5 ～ 6 公升。

2   將一瓶 700ml 伏特加倒進缸裡，再倒入 600ml 現榨柳橙汁、200ml 現榨檸檬汁與 150ml 純糖漿，拿根棒狀物將所有材料攪拌均勻。

3   補滿冰塊到 8 分滿，投入數片的檸檬片與柳橙片，攪拌均勻。

4   用撈杓將酒液、水果片與冰塊分裝到可林杯，預留兩成空間：喜歡喝酸甜度高的口感就補滿雪碧，不喜歡太酸甜的就補滿蘇打水。

5   附上吸管與攪拌棒，上桌！

潘趣缸 Punch bowls

潘趣缸通常會附上數個杯子與撈杓，如果覺得不管怎麼找容器都很像垃圾桶，不妨買個一組在家，除了辦趴，平常拿來放水果也很好用！

Lillet

麗葉

—— 特務之魂 ——

麗葉（Lillet）誕生的背景與多寶力類似，最早都是為了退燒與緩解瘧疾症狀，添加奎寧發展出的開胃酒。1872年，位於法國波爾多的格拉芙產區，有個名為波當薩克（Podensac）的小鎮，麗葉兄弟保羅與雷蒙（Paul and Raymond Lillet）在這裡成立公司經營酒類買賣，當時的波爾多除了是法國葡萄酒重鎮，也是與加勒比海地區經貿往來的重要港口，許多特殊的香料與水果都在此進行買賣。

19世紀末，添加奎寧製作的通寧葡萄酒（Tonic Wine）不但好喝，還可以治病相當受到歡迎，麗葉兄弟心想幫別人賣酒遠遠不比自己製酒來賣賺得多，於是開始嘗試以波爾多的白酒混合柑橘類水果酒，再放入橡木桶中陳年製作自家的品牌。

奎寧最早是從金雞納樹的樹皮萃取而來，這種樹被秘魯當地的印地安人稱為Kina-Kina，兄弟倆就將他們製作的酒稱為雞納‧麗葉（Kina Lillet），相較於前輩多寶力的濃郁苦甜，麗葉風味清爽還帶有果香完全是不同守備範圍！

1937年的麗葉酒海報，當時還有KINA的標示。

麗葉酒從法國餐館流行到英國，再從英國紅到美國，與藝術時尚結合的廣告讓它成爲上流社會最喜歡的飲品之一，雖然曾在禁酒令短暫消失，但禁酒令結束後馬上恢復往日榮景，喝麗葉沒什麼就是一個潮！

第二次世界大戰後奎寧已經可以化學合成，人們對於對抗瘧疾的需求也不像以往強烈，特別強調奎寧好像也沒有意義了；此外，市場的飲酒偏好隨著製酒技術的精良漸漸走向清爽風，與時俱進的麗葉酒拔草測風向也跟著調整配方：除了降低奎寧用量，加強水果風味、甜度也降低，就連Kina一字也從酒標上拿掉了，成爲我們現在熟知的白麗葉酒。

除了經典款白麗葉，麗葉還有另外兩瓶姊妹作：紅麗葉與粉紅麗葉，用於調酒都可以當成香艾酒的替代品……就算用不完也沒關係，因爲它們都是純喝就很好喝的加烈葡萄酒！在酒吧如果想耍帥用法文點麗葉酒，千萬不要唸成莉莉（X）或是哩哩特（X）很ㄉㄩ臉，Lillet是法文，要假掰點唸——**哩～累～**（**O**），如果唸不出來阿鬼你還是說中文好了。

超簡派喝法

麗葉酒最推薦的超簡派喝法是冰鎮~~⇒開瓶⇒對嘴⇒吹瓶~~後飲用，如果覺得純喝會膩就加冰塊、再擠個柳橙片或檸檬片即可，其他像是加蘇打水、通寧水的喝法也很受歡迎唷！

粉紅麗葉（Lillet Rosé）與紅麗葉（Lillet Rouge）

Corpse Reviver #2

亡 者 復 甦 2 號

　　麗葉酒能夠紅遍全球要感謝兩個人，一位是克拉多克，另一位就是龐德，詹姆斯龐德（英國腔）。

　　距今約兩千年前，羅馬作家兼海軍總司令──普林尼（Pliny）彙整當時的知識，完成地球上第一套『百科全書』──博物志（Natural History），全書共37卷，在醫療篇提到治療狂犬病的方式可分爲外敷與內服；如果你被某隻狗咬了，要趕快拔下牠的狗毛敷在傷口上，還要將狗毛泡藥水喝，這個低能程度不亞於拔獅子鬃毛的鄉野奇談演變到後來變成Hair of the dog一詞，字面上看是那隻狗的毛，但它眞正的意思是**解宿醉的酒**，是個以毒攻毒的概念。

　　宿醉經驗豐富的醉漢都知道，如果沒有很嚴重的腸胃道症狀（噁心、嘔吐），最好的解宿醉方式就是──**再喝一杯**。雖然聽起來有點不可思議，但職業醉漢床邊通常都會放幾瓶酒，目的就是用於宿醉急救，進行一個續杯的動作會讓人再放鬆，先緩解頭痛不適，再喝多一點又會進入飛航模式，睡起來沒事ㄌ～（雙手比YA）醉漢的邏輯本來就跟正常人不太一樣：我再喝醉，就不算宿醉啦！~~（語氣近似我玩完了不給錢，那就不算賣啦）~~

　　克拉多克身爲調酒師，每天要接觸的尸體一定很多，有那種喝完就倒地不起的，也有那種隔天還是倒地不起的，亡者復甦這杯酒有多神？這些倒地不起的尸體喝到這杯酒，直接原地滿血復活你敢信？克拉多克這樣評論它：

　　『**然後……因為喝太多，又變回尸體ㄌ～**』保安～保安～尸體可以這樣變了又變、變了又變嗎？

　　亡者復甦是一系列的Hair of the dog，最早發源於1860年代，後來克拉多克將它收錄於著作中，其中流傳至今、最受歡迎的就是使用麗葉酒的2號。亡者復甦1號是以攪拌法調製，干邑白蘭地：蘋果白蘭地：紅香艾酒＝2：1：1，創作者是巴黎麗茲酒吧（Ritz Bar）的傳奇調酒師──法蘭克‧米爾（Frank Meier）。

1927 年，克拉多克在薩伏伊飯店酒吧的一面牆壁裡，埋入裝有白色佳人雞尾酒的雪克杯，是個雞尾酒時空膠囊的概念。

INGREDIENTS

· 25ml 琴酒
· 25ml 檸檬汁
· 25ml 君度橙酒
· 25ml 白麗葉酒
· 1dash 佩諾

TASTE ANALYSIS

| 酸甜 | 柑橘 | 藥草 | 狗毛 |

中高酒精度　馬丁尼杯／先冰杯　搖盪法

STEP BY STEP

1　將所有材料倒進雪克杯，加入冰塊搖盪均勻。

2　濾掉冰塊，將酒液倒入已冰鎮的馬丁尼杯。

佩諾茴香酒

1597年，精通植物學的英國醫師約翰·傑勒德（John Gerard），寫了一本英文版的本草綱目：植物的草藥書或通史（The Herbal or General History of Plants），書中提到茴芹（Anise）這種植物不只可以治脹氣、通便利尿還可以改善~~荔枝果凍~~白帶的症狀，但他萬～萬～沒～有～想～到～（盛竹如語氣），後來茴芹竟然成為各種藥酒最喜歡添加的材料！

雖然大部分的歐洲藥草酒都含有茴香，但以茴香為主要香料的藥草酒，被特稱為茴香酒，法國稱它為Pastis，希臘稱為Ouzo，土耳其稱為Rakı，義大利稱為Sambuca……雖然很多國家都有茴香酒，但其中最知名的，莫過於法國的佩諾茴香酒。

18世紀晚期，以苦蒿（wormwood）為主要原料製作的苦艾酒（Absinthe）已誕生一段時間，最早是用於醫療的藥酒。到了1797年，法國商人丹尼爾·亨利·杜比耶（Daniel-Henri Dubied）嗅出它商機無限，決定將配方買下，然後找了女婿來幫忙成立酒廠製作苦艾酒。

1805年，女婿亨利·路易斯·佩諾（Henri-Louis Pernod）在法國東部的蓬塔爾利耶（Pontarlier）自立門戶，採用企業化經營大量生產苦艾酒，並以健康的補藥酒為訴求行銷給消費者，很快的在法國本土掀起飲用熱潮。

20世紀初，苦艾酒被大部分歐洲國家列為禁酒，迫使許多原本生產苦艾酒的酒廠被迫關廠，法國也於1915年禁止苦艾酒生產，佩諾酒廠於是將苦蒿成份從原料移除，製作出可以繼續販售的茴香酒，讓這種和苦艾酒有87％像的酒得以繼續推廣。

茴香酒碰到水會產生混濁的乳化效果，只要加冰水就能同時降低酒精度與甜度，還能讓口感更加溫和，加冰水的喝法可說是最簡單的開胃酒；不知道是不是因為茴香通便又利尿，餐前喝一杯真的令人食慾大增啊！

如果不想入手貴森森的苦艾酒，有用到苦艾酒的酒譜都能用茴香酒代替，入手後也不用擔心喝不完，因為只要加冰水喝就超好喝，早上當漱口水喝讓口齒留香；晚上當養命酒喝一杯接一杯，誰能抗拒佩諾的魅力呢？

Vesper

薇 絲 朋

在007電影片中一定會出現、最經典的台詞就是自我介紹:『龐德,詹姆士龐德。』(Bond, James Bond),還有點馬丁尼時交待Bartender的『**搖盪,不要攪拌**』(**Shaken, not stirred**)。問題來了……傳統的琴酒馬丁尼其實是用攪拌的,以搖盪法調製會失去它應有的醇厚口感,就連金牌特務的哈利也說過:要當一個好的特務,首先要會調一杯馬丁尼。』007身為特務的代名詞、馬丁尼專家,怎麼會這麼不懂酒勒?

其實這是個誤會,龐德不但懂馬丁尼,而且還是即興調酒的高手。這一切的一切,要從55年前、第一集007電影-**諾博士**(**Dr. No, 1962**)說起。雖然是第一集的007,但劇情設定的龐德已經是老鳥,卡007的缺已經很久了,片中飯店侍者於客房服務時這麼對他說:

"One medium dry vodka martini, Make like your set, Not Stir."
『一杯伏特加馬丁尼,如同你的吩咐,沒有攪拌。』

Shaken, not stirred從此成為007電影鐵梗,演了超過半世紀高達24集,片中的龐德身手矯健、風流倜儻,走進去的建築物都會爆炸、講過話的女人都會躺下,帥度破表讓人人都想在酒吧學龐德喝馬丁尼帥一下,也讓馬丁尼這杯酒與帥、Man產生強力的連結。

究竟龐德為什麼要喝搖盪的馬丁尼?44年後,第21集的**皇家夜總會**(**Casino Royale, 2006**)上映,終於解答了全球影(酒)迷的疑惑。這一集的劇情是根據伊恩・佛萊明(Ian Fleming)第一本007同名小說改編而成,片中龐德將小說的文字一字不漏的呈現:

電影《皇家夜總會》劇照

"A dry martini," [Bond] said. "One. In a deep champagne goblet."
『一杯辛口馬丁尼。』龐德這麼說，『用深底的香檳杯裝盛。』

"Oui, monsieur."
「是的，先生。」

"Just a moment. Three measures of Gordon's, one of vodka, half a measure of Kina Lillet. Shake it very well until it's ice-cold, then add a large thin slice of lemon peel. Got it?"
『等一下，三份高登琴酒、一份伏特加、半份麗葉酒，搖到夠冰夠勻，再加入一大片檸檬皮，懂？』

　　皇家夜總會片中，由丹尼爾・克雷格飾演的龐德，是因為前任007領便當，才剛遞補上這個屎缺的菜鳥，那時候的他渾身菜味洗澡連熱水都沒有，所以你看以前的007被打都沒有傷（帥阿老皮），新的007不但拳拳到肉，也常常摔個頭破血流，正所謂菜不是該死，是罪該萬死，讓克雷格成為史上第一個被打蛋蛋的007，不得不說編劇真的好細心。

不過當他在賭桌上帥氣的點了這杯酒之後，一切謎底都解開了！**龐德一開始點的是馬丁尼，但後來改變主意喝的是杯完全不同的即興創作！** 1962年開始的007電影並未對這個地方多做交待，之後的編劇可能也不知道原來小說中還有這一段，讓大家誤會龐德44年，真特務怎麼會不懂酒呢？

當龐德點完這杯酒，調酒師先是給了個讚賞的微笑，一旁的賭客聽到也覺得哎唷不錯這個屌，不管他點ㄌ什麼都給我來一杯，此舉還引起小壞蛋契夫軻不滿的說現在是要開喝不開牌了嗎？那……這杯酒到底屌不屌呢？

推 James Bond：還～蠻～屌～的～屌～爆～了～
推 Felix Leiter：還～蠻～屌～的～屌～爆～了～
推 René Mathis：還～蠻～屌～的～屌～爆～了～

就連因為輸錢輸到超不爽的女主角喝到這杯酒，也是一個笑開懷你說屌不屌？

好，先不講屌，來說蛋蛋。小說中有一段文字電影並未演出；龐德在被抓去進行打蛋秀之前其實曾向調酒師解釋這杯即興創作的『理念』：

Bond laughed. "When I'm...er...concentrating," he explained, "I never have more than one drink before dinner. But I do like that one to be large and very strong and very cold and very well-made. I hate small portions of anything, particularly when they taste bad. This drink's my own invention. I'm going to patent it when I can think of a good name."

龐德笑著說：『當我需要全神貫注時…這麼說好了，我不會在晚餐前喝超過一杯，但是我希望這杯潮大杯、酒精濃度超高，要很冰而且要調得很好喝。~~我去口的最討~~

~~厭那些點小杯還喝不完的美幹拎廢物~~：我不喜歡小份量的東西，尤其是它們很難ㄘ的時候。這杯酒是我發明的，等想到一個夠好的名字我要幫它申請專利。

（喝重量杯、又要酒精濃度超級高⋯這跟一個便當ㄘ不夠，你有ㄘ兩個嗎是不是相同概念？醉漢的邏輯眞令人猜不透啊～）

場景再回到電影。

龐德：「同花打不打得過Full House？」

契夫軻：『同花打得過Full House？那除非你老爸變成了兔子！』

龐德：（翻出同花順）

龐德用賭俠梗逆轉大勝契夫軻之後，與女主角到飯店的餐廳慶祝，席間又點了這杯酒，喝著喝著龐德突然想到一個虧妹爛梗，便對女主角說⋯⋯

龐德：『我決定將這杯酒以薇絲朋命名。』

薇絲朋：「是因爲餘韻帶有苦味嗎？」（自嘲笑）

龐德：『不，是因爲只要喝過，就不會想喝其他東西了。』

（女主角笑的花枝亂顫）

理論上劇情進展到這，老鳥的007學長已經準備好到樓上對女主角進行高強度的搜身，但是新龐德沒有，他留在餐廳喝這杯酒（燈愣我褲子都脫了你給我看這個），然後……然後女主角就離開了。

等龐德喝完酒，發現女主角被博輪絞的大壞蛋擄去，馬上跳上他的Aston Martin進行一個酒駕的動作，開著開著就這樣翻車、被抓去打蛋蛋ㄌ，可憐的龐德妹沒虧到，只虧到自己的蛋蛋，你說薇絲朋這杯酒是不是蛋疼酒來著？

薇絲朋酒精濃度雖然很高，但比單純的琴酒馬丁尼順口多了；原本厚重帶苦味的高登，加入伏特加後變得相當清爽，麗葉柔順又帶有果香的特色，圓潤了這杯酒的口感。龐德與薇絲朋的邂逅，就像馬丁尼遇見了麗葉酒，讓他決定放棄打打殺殺的特務人生，追求一個更圓滿的將來……

今夜，就用Vesper配007電影，向這位特務之神致敬吧！

INGREDIENTS

· 90ml 高登琴酒
· 30ml 伏特加
· 15ml 白麗葉酒

STEP BY STEP

三份高登琴酒、一份伏特加、半份麗葉酒，搖到夠冰夠勻，再加入一大片檸檬皮。（英國腔）

TASTE ANALYSIS

| 微甘 | 藥草 | 特務ㄉ味道 |

極高酒精度　　馬丁尼杯／先冰杯　　搖盪法

5

Classic Cocktail

精選雞尾酒

第五個單元我們將介紹二十杯經典雞尾酒，它們都是各種類雞尾酒最
具代表性的一杯，除了介紹它們的起源與作法，還會以時間軸的方式
說明雞尾酒發展的歷史脈絡。每杯經典雞尾酒都附有特定材料與調製
技巧的專文介紹－先知道怎麼買、再學怎麼調會更好喝，希望帶給各
位更豐富的調飲樂趣。

Mojito

莫希托

如果要推薦一杯調酒給從來沒喝過調酒的人，你會選哪一杯？
不排斥薄荷味的話，Mojito 是個不錯的選擇。

INGREDIENTS

- 60ml 蘭姆酒
- 25ml 檸檬汁
- 適量 砂糖
- 適量 蘇打水
- 適量 薄荷葉

STEP BY STEP

1　杯底放入 8 ～ 12 片薄荷葉，撒入砂糖。
2　用搗棒輕輕旋壓薄荷葉讓香氣散出。
3　倒入蘭姆酒，以吧匙攪拌讓砂糖溶解。
4　倒入檸檬汁，再稍加攪拌。

5　補滿碎冰，以吧匙拉提讓材料均勻混合。
6　倒入蘇打水至滿杯，再稍加攪拌。
7　取一株薄荷葉於掌心輕拍，投入杯中作為
　　裝飾。

TASTE ANALYSIS

酸甜　薄荷　氣泡

中低酒精度　厚底長飲杯　直調法

　　我們曾在部落格、FB社團與粉絲頁做過醉漢民調，請大家選一杯最喜歡的調酒，獲得第一名的都是 Mojito，它究竟有什麼魔力，可以男女通殺、老少咸宜？

　　酸酸甜甜、冰冰涼涼、好喝沒有酒味，是最大眾化的黃金酒譜，而 Mojito 完全符合這些條件，只是想調製一杯經典的 Mojito 要五種材料七個步驟，光是用看的都傻眼，當店裡正忙、Bartender 聽到有人點 Mojito 的心情不難想像……

　　有沒有比較簡單的作法？有！以糖漿替代砂糖，連同蘭姆酒與薄荷葉加入冰塊搖盪，再濾掉冰塊，倒入裝滿碎冰的杯裡，最後補滿蘇打水、放上薄荷葉即可～還有沒有更簡單的？有！市面上有一種已經預調好薄荷、糖、檸檬的罐裝蘇打水，直接買回來套蘭姆酒喝就可以了！

不過⋯⋯如果想喝一杯香甜順口、酸味扎實、冰涼帶勁、由新鮮檸檬與薄荷交織而成的Mojito，還是只能慢慢來啦，反正在家調酒又不會有客人催你、有人催你就用酒瓶尻他的頭，嗆一句：「慢工出細活，懂？」

如果想要更薄荷、更清涼的口感，可以將薄荷的莖與葉一起搗，因為薄荷莖其實比薄荷葉更涼。搗薄荷葉只要輕輕旋壓、散出香氣即可，千萬不要一個勁往死裡搗，因為薄荷搗太碎會出現苦味，而且容易被吸管吸進去，喝酒喝到一堆菜渣，自我感覺會不太良好。

Mojito的起源已不可考，它可能是源自大航海時代特產──酸味調酒的變形，或是中南美洲原住民用於治病的飲品，可以用來對抗痢疾、壞血病等大海男兒常常有的症頭，不只補充維生素C，還能在值勤站哨時公然飲酒呢！

還記得之前提到雙倍老爸（PaPa Doble）時，海明威的那句名言嗎？

"My Mojito in La Bodeguita, my Daiquiri in El Floridita."

La Bodeguita門口絡繹不絕的遊客。

店內的調酒師正在調製Mojito，用的蘭姆酒是國產酒──哈瓦那俱樂部三年。

是的！這間百年老店 Bodeguita 至今仍提供遊客源源不絕的 Mojito，想知道海明威最喜歡的 Mojito 怎麼做嗎？不用真的到古巴排隊～ Youtube 上都有影片，自己在家重現吧！

最後，雖然我們喝 Mojito 不可能像海明威這麼威，但在酒吧點 Mojito 有兩點一定要注意是基本（螢光筆加雙紅線）：

首先，很多人點這杯酒會唸摸雞頭，這雞頭一摸完帥度馬上減20。這是西班牙文，不是 IKEA 也不是 COSTCO，要唸 **mo ——he ——豆**才不會掉漆嘿！

第二點更重要，雖然 Mojito 看起來滿滿碎冰很不健康，很多女孩兒或養生狂魔可能會要求 Mojito 去冰，**拜託！拜託！請不要這麼做**！Bartender 聽到這句話十個可能有九個會想拿酒瓶直接尻你頭，這種低級、下流不可取的行為跟到日本料理店點生魚片要求先煮熟差不多，建議改點有87％像的黛綺麗，然後請 Bartender 幫你加一株薄荷葉意思意思。

薄荷的選擇與種植

調酒用的薄荷推薦兩種：**綠薄荷與茱莉亞薄荷**。

綠薄荷就是我們最常見的薄荷，又稱為留蘭香，它帶有典型的薄荷香氣（就是牙膏味啦），而且缺水時比較不容易掛，好買又好種，是調酒首選；茱莉亞薄荷涼度較高，但薄荷味稍淡、略帶甜味，過度搗碎也不會出現苦味。

薄荷是很好照顧的植物，只要有**適當日照**與**充足水分**，要把薄荷種到掛掉還有點難，盆栽最適合放在屋簷下、或是窗台能略為照到陽光的位置，不要整天日照直射，澆水多天一天一次、夏天一天兩次就可以啦～

為什麼薄荷盆栽剛買回家，每一株都直挺挺的雄壯威武，養一段時間後都趴在地上像軟茄？這是因為~~你喝太慢、喝太少~~薄荷長太高，定期修剪每株薄荷葉最上端的部份，可以避免它越長越高而下垂。如果照顧得當，薄荷很快就會長到滿盆，此時就~~再多喝幾杯~~移植一部份到新盆，身為天才小園丁的你就有喝不完的 Mojito 啦！

瑞奇（Rickey）是一種很古老的調飲法，由「基酒＋檸檬汁＋蘇打水」構成，

因為不加糖所以沒有甜味，一般人可能比較難接受，

讓我們先從原始的 Rickey 調酒開始，再看看它可以有哪些變化吧！

INGREDIENTS

· 45ml 琴酒

· 15ml 檸檬汁

· 適量 蘇打水

STEP BY STEP

1　古典杯裝滿冰塊，倒入琴酒與檸檬汁。

2　補滿蘇打水，稍加攪拌。

3　投入一個檸檬角，附上攪拌棒與吸管。

TASTE ANALYSIS

| 酸 | 藥草 | 氣泡 |

中低酒精度　　古典杯／可林杯　　直調法

　　1880年代，美國華盛頓D.C.有一間休梅克（Shoomaker's）酒吧，地緣之便讓它經常聚集許多參、眾兩院的議員，甚至有了國會第三院的稱號（Third house of the Congress），因為議員們下班後都要到這裡繼續「開會」～

　　休梅克酒吧的老闆──喬·瑞奇（Joe Rickey）是個交遊廣闊、生性爽朗的上校，他每天的早餐不是培根蛋、燻雞堡什麼的，而是杯子裝好冰塊，威士忌與蘇打水倒好、倒滿，一整天的氣力，一杯給你傳便便（保力達B語氣）。

　　有一天，休梅克的調酒師──喬治·威廉森（George Williamson）遇到一位從加勒比海諸國來的客人，聊到自己老闆異於常人的「早餐」，客人突然鄉愁一個漫出來，告訴喬治說：「在我們家鄉，常常喝一種叫Mojito的飲料，如果上校也尬意這味，你就加個萊姆角試試看。」

創立於1858年的休梅克酒吧

　　隔天一早，上校又來「吃早餐」，喬治就端出這杯酒，上校一喝驚爲天人水長流（我是說眼淚）、薛家燕式的大讚 好！好！好！馬上指示喬治改用店內自釀的裸麥威士忌爲基酒調製，這杯以上校爲名的Joe Rickey就這麼誕生了～

　　幾年之後，改以琴酒爲基酒調製的Gin Rickey成爲當時最受歡迎的雞尾酒之一，上校一開始對此相當震怒，因爲他認爲紳士不應該喝琴酒（原因不明），用琴酒調根本是玷污Rickey之名……但琴酒最潮怎麼擋都擋不住，~~尚書大大~~上校也是挺機靈的，要註冊這杯酒時他還是妥協了～

根據上校1895年註冊的手稿，Rickey的酒譜如下：

Long glass ──Ice（長飲杯加冰塊）

Whiskey **or Gin**（威士忌或琴酒~~也是可以啦 歐耶耶耶耶耶……~~）

Lime Juice（萊姆汁）

Carbonated Water（碳酸水）

Don't Drink too Many（不要喝太多）

JK Rickey

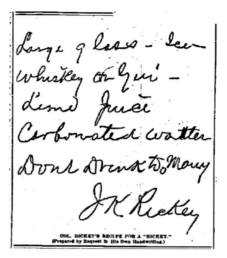

上校的 Rickey 手稿

　　Gin Rickey 從19世紀末一直紅到20世紀初的禁酒令，四種材料都沒有顏色，被緝酒員抓到的醉漢還可以凹說這是檸檬汽水（鬼才信）；以禁酒令爲時空背景的電影——大亨小傳（The Great Gatsby），原著小說作者——史考特・費茨傑羅（Scott Fitzgerald）最喜歡的酒就是 Gin Rickey……這本小說中只有兩杯酒有出現過名字：Gin Rickey 與 Mint Julep，兩杯都是誕生於美國的經典雞尾酒，美國文豪選酒果然厲害！

　　2011年，Rickey 被指定爲華盛頓 D.C. 的官方指定雞尾酒，每年七月就被稱爲 Rickey Month，官方公佈的酒譜如下：

Into a tall glass, 1.5 oz. of gin, .5 oz of fresh lime juice, soda water, garnish with lime wedge and/or sprig of mint.

（長型玻璃杯放入1.5盎司琴酒、0.5盎司萊姆汁、蘇打水，用檸檬角和／或一株薄荷葉爲裝飾）

以香甜酒調製 Rickey 雞尾酒

　　如果手邊有純喝喝不下去、調酒又不知道可以怎麼調的香甜酒，眼看放著放著就快放到復興中華，對於這些香甜酒⋯⋯有沒有推薦的調製方式呢？

　　純喝太甜、加烈酒喝又有藥水味，想調得好喝就要補酸甜汁與基酒搖盪⋯⋯可是人家真的不能喝酒辣辣、而且還要搖好麻煩唷（咬手帕），有沒有簡單一點的？

　　有！當然有，那就是**改用香甜酒調 Rickey**！

　　喝完傳統的烈酒 Rickey，是否覺得偏酸澀、酒精感很強呢？改用香甜酒調製就沒有這個問題！特別推薦給喜歡微微酸甜、偏好酒精濃度中低的飲酒人。

　　杯中先裝滿冰塊，投入檸檬角（片），再倒入香甜酒、補滿蘇打水，稍加攪拌（不要過度攪拌避免失去氣泡，或是乾脆不攪拌，保留漸層色）；兩種材料比例依個人喜好，出酒時附上短吸管或攪拌棒，用來檸檬戳戳樂、釋出額外的酸味調整味道～

　　用香甜酒調 Rickey，冰塊與蘇打水可以降低甜度，戳戳樂時酸時甜的口感增添不少飲用樂趣，它不像傳統酸味調酒喝多了容易膩，是個想輕鬆飲酒的優質選擇～家裡還有什麼用不完、不知道怎麼調的香甜酒，都拿來 Rickey 一下吧！

以蜜多麗哈密瓜香甜酒調製的 Midori Rickey。

Tom Collins

湯姆可林斯

可林斯（Collins）調酒喝起來酸酸甜甜帶有氣泡感，好調好喝又好備料，
相當受歡迎，它最基本的材料包括「基酒、酸味果汁、糖與蘇打水」，
其中最經典的一杯，就是以老湯姆琴酒為基酒調製的湯姆可林斯。

INGREDIENTS

· 45ml 老湯姆琴酒
· 15ml 現榨檸檬汁
· 15ml 純糖漿
· 適量 蘇打水

STEP BY STEP

1 將蘇打水以外的材料倒進雪克杯，加滿冰塊後搖盪均勻。

2 濾掉冰塊，將酒液倒入已裝八分滿冰塊的可林杯，補滿蘇打水。

3 稍加攪拌，以柳橙片與糖漬櫻桃作為裝飾。

TASTE ANALYSIS

微酸甜	藥草	氣泡

低酒精度 可林杯 搖盪法

　　目前市面上的主流琴酒是**英式倫敦琴酒**（London Dry Gin），它的酒精濃度很高、口感完全不甜，是最受歡迎、也是最常用於調酒的琴酒，但最早的琴酒其實發源於荷蘭，這樣的轉變從何而來呢？

　　發源於荷蘭的琴酒稱為Jenever，它以麥芽為原料製作，製程中加入杜松子等藥材調味，最早作為醫療用途：解熱、利尿、胃痛、腎臟疾病與痛風等問題，製作完成後會再放入橡木桶短暫陳年，不僅可以增添風味，還可以讓口感更加柔和。

　　1689年，原本是荷蘭國王的威廉三世在英國登基為王，為了激化英國人民的反法情緒與控制糧食價格，他下令禁止法國的白蘭地與葡萄酒進口，同時寬鬆琴酒製作的申請，只要是用國產穀物製作就算琴酒，課稅也大幅優惠。此舉讓製作琴酒的成本大幅降低，加上私釀酒的流通，琴酒甚至變得比啤酒還要便宜！（英國醉漢雙手比YA）

18世紀初，酗琴酒所導致的經濟、健康與社會問題嚴重惡化，政府試圖提高琴酒稅率、控管蒸餾廠與針對販賣者收取規費，希望能以價格抑制需求，但醉漢要喝，誰都無法阻止他，而且合法的喝不到，還有非法的可以買呀！

這個被稱為琴酒狂潮（**Gin Craze**）的現象有多嚴重？1751年的畫作『啤酒街與琴酒巷』（Beer Street and Gin Lane, 1751），是英國畫家威廉・賀加斯（William Hogarth）受保安官託付，描繪出飲用兩種不同酒類的生活型態，希望藉由兩者的反差宣傳琴酒的危害。（另一說則是認為此畫作為啤酒商贊助的商業文宣）

最後琴酒狂潮是如何結束的？醉漢們幡然悔悟嗎？歷史學家認為琴酒狂潮結束有兩個原因：第一是政府放棄用增稅的方式以價制量，改成鼓勵合法業者打擊非法私釀；其次則是因為糧食短缺，穀物都被拿去釀酒是要吃什麼？喝酒喝到沒飯吃，大概是這段琴酒黑歷史最佳的註解。

當時因為政府大力打壓，許多酒館不敢明目張膽的賣琴酒，於是他們在牆上放一片黑貓的木雕，貓爪底下有個盤子，熟門熟路的醉漢只要把錢放上去，旁邊就會伸出一根管子倒出琴酒，這隻可能是自動販賣機始祖的神奇黑貓，就被醉漢們暱稱為老湯姆……老湯姆，這真是太神奇了！

老湯姆琴酒（**Old Tom Gin**）與倫敦琴酒最大的不同在於甜度，當琴酒剛從荷蘭傳到英國，因為製酒技術還不夠成熟，成品酒質差、酒精刺激性高，只好添加糖掩飾這些缺點，讓飲用者更容易入口。當連續式蒸餾器誕生、製酒技術進步後，酒廠開始能製作純淨、無雜質的蒸餾酒，老湯姆琴酒逐漸式微，由不甜的英式倫敦琴酒取而代之。

啤酒街
飲用啤酒，士農工商各司其職，歌舞昇平社會一片祥和。

琴酒巷
飲用琴酒，女娼男盜家破人亡，傾家蕩產也要來上這最後一杯。

老湯姆琴酒有很多品牌都是以黑貓作為標誌。

　　隨著近幾年飲酒復古風興起，很多琴酒廠陸續推出老湯姆琴酒，現代的老湯姆琴酒甜度已經不像那個年代添加很多糖掩飾不佳的口感，只有微微的甜味聊表心意，如果真的找不到……就買瓶英式倫敦琴酒加點糖漿，應該就有99％像，如果想調製一杯經典的「湯姆」可林斯，只好想辦法入手一瓶了！

　　湯姆可林斯這杯酒約莫誕生於19世紀初，創作者據說是位於倫敦林曼斯飯店（Limmers Hotel）的一位服務生，這間飯店是當時外遇男女的~~薇閣~~偷情聖地，可能是當成浪漫餐的後酒飲用，喝完就可以上樓交作業了～

Piña Colada

鳳梨可樂達

曲線杯身裝著滿滿冰塊，鳳梨角、紅櫻桃加上小雨傘，
熱帶雞尾酒一喝就讓人暑氣全消，其中源自波多黎各、
好萊塢影后指定的鳳梨可樂達，絕對是最好調也最好喝的一杯！

INGREDIENTS

· 45ml 蘭姆酒
· 60ml 鳳梨汁
· 25ml 椰子糖漿（※）
· 15ml 檸檬汁
· 1tsp 純糖漿

STEP BY STEP

1　將所有材料倒進雪克杯，加滿冰塊後搖盪均勻。

2　濾掉冰塊，將酒液倒入已裝八分滿冰塊的颶風杯，稍加攪拌。

3　以鳳梨角、鳳梨葉、糖漬櫻桃與小雨傘作為裝飾。

TASTE ANALYSIS

微酸甜	椰味	鳳梨

中低酒精度　颶風杯　搖盪法

※想在家調鳳梨可樂達，最麻煩的材料莫過於椰漿（奶），建議用椰子糖漿替代，因為它同時有甜味、椰味、乳白效果，而且容易保存。如果想喝椰漿調製的酒譜，要另外補適量糖漿，因為不甜的鳳梨可樂達⋯⋯喝起來真很～可～怕～

　　Piña colada是西班牙文，Piña是鳳梨、colada指過濾，這個名字可能與它會裝在以新鮮鳳梨製作的容器有關。早期譯為椰林風情是個意境翻，鳳梨可樂達則是音譯，如果想要帥用西班牙文點酒，比較接近的發音是**批—ni—呀—ㄎ—辣—大**，千萬不要亂唸嘿～

　　關於鳳梨可樂達的起源，有一說認為它的前身是Coco Loco，這是一種混合椰奶、椰子汁與蘭姆酒，並直接以現剖椰子為容器的雞尾酒，流行於加勒比海的渡假飯店作為迎賓飲料。有一年波多黎各的砍椰工會宣佈罷工，新鮮椰子面臨供貨不足的窘境，當時在飯店任職的里卡多‧賈西亞（Ricardo Garcia）用鳳梨取代椰子改良Coco Loco，不但讓飯店度過難關，還因此誕生了鳳梨可樂達。

不過根據考證，這杯酒真正的創作者應為蒙奇托（Ramón "Monchito" Marrero），當時他在加勒比希爾頓（Caribe Hilton's）飯店的巨浪酒吧（Beachcomber Bar）當調酒師，因為經常要接待好萊塢大明星，經理要求他創作一杯能滿足這些貴客的雞尾酒，蒙奇托花了三個月苦練，終於等到了他的Day⋯⋯

1954年8月15日，好萊塢女演員瓊‧克勞馥（Joan Crawford）喝到這杯酒，說了句 "Better than slapping Bette Davis in the face."（這比賞貝蒂‧戴維絲耳光還讚），這兩位影后在當時是好萊塢有我就沒有你的死對頭，鳳梨可樂達能得到這相當中二影后級的讚賞，想不紅都難啊！

鳳梨可樂達不僅在當地流行，透過來自世界各地的遊客口耳相傳，逐漸成為最具代表性的熱帶雞尾酒之一，1978年，波多黎各政府乾脆宣佈鳳梨可樂達為「國飲」，直接升格送進總統府！（鳴汽笛喇叭）

讓鳳梨可樂達再創高峰的推手要歸功於音樂人魯伯特‧荷姆斯（Rupert Holmes），1979年他推出 "Escape" 一曲，紅到讓美國人開始好奇歌詞中重複出現的 Piña colada 到底是什麼？全美各地的調酒師被客人問到一個個黑人問號，只好趕快研究一下這杯酒怎麼調⋯⋯

魯伯特‧荷姆斯

因為這首歌實在是紅翻天，最後連荷姆斯本人也同意將歌名改為"Escape（The Piña Colada Song）"，改名後這首歌又更紅了，成為1970年代最後一首登上告示牌榜首的歌曲，也在美國本土帶動飲用鳳梨可樂達的風潮～

現在，你不用飛到波多黎各，就能在家享受這杯傳奇調酒！（電視購物語氣）想要調得好喝有三個關鍵：

首先是鳳梨汁要現榨、然後是要有一個看起來很厲害但其實很簡單的果雕，最後是要以輕鬆的心情調製，轉開鳳梨可樂達之歌，隨著音樂搖擺手中的雪克杯吧！以霜凍調製鳳梨可樂達也不錯，把鳳梨與椰漿一起放進果汁機打，輕鬆省力免榨汁還很均勻！

最後提供蒙奇托的原始酒譜給各位參考：

2盎司白蘭姆酒、1盎司椰漿、1盎司鮮奶油、6盎司鳳梨汁、半滿的冰塊。

將所有材料放到果汁機打勻，大約15秒，以鳳梨角與櫻桃作為裝飾。

正在調製鳳梨可樂達的蒙奇托。

熱帶調酒萬用果雕

鳳梨角、鳳梨葉、糖漬櫻桃與小雨傘，只要有這四種材料就能製作超熱帶風情的雞尾酒果雕，看起來很厲害但其實人人都可輕鬆上手！

1 取一完整鳳梨，摘下3～4片無受損的鳳梨葉片。

2 橫切鳳梨取下2公分厚的鳳梨片，再對切成8等分的鳳梨角。

3 鳳梨角切下一小塊，以雞尾酒叉穿刺後再插入鳳梨葉。

4 穿刺鳳梨角與糖漬櫻桃，將所有靠攏固定，展開鳳梨葉。

5 將雞尾酒叉橫放於杯口，完成裝飾。

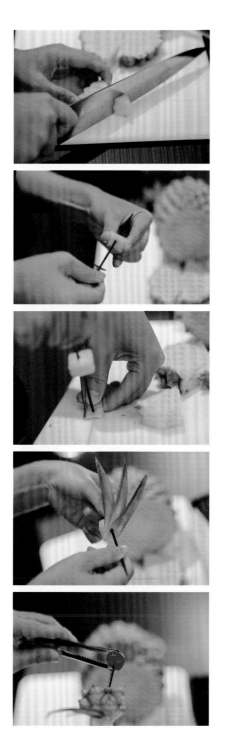

Singapore Sling

新加坡司令

身為一個職業醉漢，到新加坡旅遊可以不看魚尾獅、可以沒吃海南雞飯，

但是絕對不能錯過這一站：「到萊佛士飯店喝上一杯新加坡司令」⋯⋯

究竟這司令是陸軍海軍？志願役還不願役，為什麼要叫它新加坡司令呢？

INGREDIENTS

· 45ml 琴酒
· 20ml 櫻桃香甜酒
· 10ml 班尼迪克丁
· 10ml 君度橙酒
· 60ml 鳳梨汁
· 25ml 檸檬汁
· 20ml 純糖漿
· 1tsp 紅石榴糖漿
· 1dash 原味苦精
· 適量 蘇打水

STEP BY STEP

1　將蘇打水以外的材料倒進雪克杯，加滿冰塊後搖盪均勻。

2　濾掉冰塊，將酒液倒入已裝八分滿冰塊的厚底長飲杯，補滿蘇打水。

3　稍加攪拌，以鳳梨角、鳳梨葉、糖漬櫻桃與小雨傘作為裝飾。

TASTE ANALYSIS

| 藥草 | 櫻桃 | 鳳梨 | 柑橘 |

中酒精度　　　颶風杯／厚底長飲杯　　　搖盪法

　　新加坡司令的司令與當兵那個司令，完～全～沒～有～關～係～司令（Sling）指的是一種古老的飲料調製法，到底有多古老？Rickey看到Sling還要幾梯的退三步！

　　在那個還沒有Cocktail一詞整合雞尾酒概念的遠古時代，**調酒是以材料與調製法命名的**……讓我們回想一下熱炒店的菜單：紅燒、三杯、清蒸、糖醋、蔥爆、鹹酥……這種以**料理法＋食材**的菜名（例如三杯中捲）是不是很熟悉？當時的調酒也是用相同的邏輯命名：Gin Rickey就是以Rickey調製琴酒、Whisky Sour就是以Sour調製威士忌。

即使到了1806年，Cocktial一詞有了定義，它也只是被歸類為眾多調製法的一種（請參考PART3-03），例如**Whisky Cocktail**現在會翻譯為「威士忌雞尾酒」，泛指以威士忌為基酒的各種調酒，當時則是「用Cocktail調製法調製威士忌」，指的是特定的一杯酒。

而調製法的始祖就是Sling，可說是雞尾酒的起源。

還記得苦精嗎？它最早並不是製作給醉漢調酒喝醒用的，而是整腸健胃、促進食慾的藥物，後來是怎麼招莖的？一切的一切，都要從醉漢的無限迴圈說起……

我們都知道，喝酒，就會酒醉、酒醉的太嚴重，隔天就會宿醉，在兩百多年前，有個一手扶額、一手捧腹的醉漢走進藥局……

醉漢：「藥師，快救救我、我腸胃超級不舒服、還一直想吐怎麼辦？」
藥師：「來～介紹你這味，苦精給它催下去很快就會好！」
醉漢：「乾……藥師，這玩意這麼苦又這麼臭，是要怎麼喝？我更想吐了！」
藥師：「直接喝不行，那……你摻水吞下去好了。」

沒想到醉漢這樣一喝，不只腸胃症狀得到緩解，還順便補充水分，解除了因宿醉導致的脫水，根本是HP＋99神秘藥水！

隔天，那個昨天一手扶額、一手捧腹的醉漢又走進藥局……
醉漢：「藥師，快救救我、我腸胃超級不舒服、還有沒有昨天那個東西？」

一次又一次宿醉、一個又一個醉漢都靠這藥水治癒，它開始以**Bitter Sling**為名口耳相傳（Sling源自德語schlingen，意指吞下），就這樣Sling成為最古老的調製法，簡單來說就是套一些東西讓酒比較好喝啦～（不要忘記，苦精也是酒唷～）

後來苦精大量用於調飲，定義模糊的Sling逐漸被定義精確的Cocktail（酒糖苦水

四元素）所取代，雖然是調飲始祖，但以Sling爲名的雞尾酒大多已被世人遺忘，如果不是有一杯全球知名、經典中的經典背負著這個名聲，Sling酒可能已經消失了也說不定……對，還好有新加坡司令！

新加坡司令約莫誕生於20世紀初，是華裔調酒師嚴崇文（Ngiam Tong Boon）在新加坡萊佛士酒店（Raffles Hotel）的創作，這間酒店的名字是爲了紀念英國政治家——史丹福·萊佛士爵士，他在19世紀初將新加坡打造成歐洲與亞洲往來的國際港口，是新加坡現代化的重要推手。

約莫是在1910年代的某個夜裡，萊佛士酒店的酒吧有客人對調酒師抱怨說：『啊～琴通寧什麼的都喝膩了，能不能來些不一樣der端上來？』嚴先生一個改良改超大，調出一杯以新加坡海峽爲發想的**海峽司令**（**Straits Sling**），客人喝完嚇了好大一跳跳又再一跳跳，從此成爲店內的招牌。

這杯酒酒譜幾經變化，到最後原始的版本已經沒人知道，現在流傳的新加坡司令是~~觀落陰嚴先生問到的~~幾位長吧（Long Bar）的資深調酒師，靠著當年的記憶還有手稿拼湊出來的酒譜，或許是因爲我覺得那個好像有、你覺得那個應該也有，就這樣調出一杯用到十種材料的版本，在1930年之後成爲新加坡司令的標準酒譜，然後……大家就忘記海峽司令了。

位於萊佛士酒店的長吧，至今仍源源不絕的供應新加坡司令給來自世界各國的遊客，因爲這杯酒實在是太熱門，沒喝過好像就不算有來過新加坡，在長吧根本不用特別去點，每過一段時間，吧台就會問全酒吧的客人說：「要喝新加坡司令的人客～舉個手好嗎？」是個一式好幾份的概念。還有，在新加坡亂丟垃圾會被罰到脫褲爛，但在長吧裡你可以隨意的把花生殼往地上丟唷～

新加坡司令會如此受歡迎不難想像……外觀是討喜的粉紅搭華麗果雕，酸酸甜甜的口感中帶有多種藥草香氣讓它不失層次，不過它還不是想喝就喝得到，能備齊十種材料的店家已經很少，何況是自己在家調酒呢？如果遇到能原汁原味調出新加坡司令的調酒師，一定要點一杯喝喝看的！（不要在人家很忙的時候點唷）

櫻桃白蘭地

櫻桃白蘭地／香甜酒是最讓初學者感到困惑的材料，有些標示**櫻桃白蘭地**（**Cherry Brandy**），有些則是**櫻桃香甜酒**（**Cherry liqueur**），調酒時應該如何做選擇呢？

只要是以水果爲原料蒸餾的烈酒都可稱爲白蘭地，依此定義，櫻桃白蘭地應該是透明、高酒精濃度、不帶甜味的口感，但許多出現櫻桃白蘭地的酒譜，明顯是用有甜味、深色的櫻桃香甜酒比較搭，例如這篇介紹的新加坡司令。

傳統定義的櫻桃白蘭地其實很少用於經典雞尾酒，而且它的味道與大家印象中酸甜、深色的櫻桃味不太一樣，如果用櫻桃白蘭地去調酒，有些酒的味道反而會變的很怪，指定傳統櫻桃白蘭地的酒譜，通常會標示**Kirsch**或**Kirschwasser**，這個名字源自德語的櫻桃（Kirsch）水（wasser）。

在調酒路上，關於櫻桃只要有兩瓶酒就很夠用：一瓶是之前提過的瑪拉斯奇諾（Maraschino），另一瓶就是櫻桃香甜酒，它的原料含有櫻桃汁與香料，味道較接近典型的櫻桃味，其中**莫拉克之血**（**Sangue Morlacco**）與**喜靈**（**Heering**）是我最推薦的櫻桃香甜酒。

莫拉克之血酒體醇厚、口感甘甜，香氣濃郁完全沒有化學怪味，純飲就像在喝濃縮櫻桃汁，而且它的酒精度高達30％，用於調酒相當好發揮。

喜靈的櫻桃味更濃郁深沈，酒精濃度稍低、口感溫潤很適合純飲，傳說中嚴先生就是用它調製出海峽司令。

買了櫻桃香甜酒絕對不用擔心用不完，因爲它純喝就很好喝，如果覺得純喝太甜就加點蘇打水，睡前一杯當養命酒、下午一杯當下午茶、飯後一杯當甜點酒，這種調酒、純飲兩相宜的好酒，不買嗎？

莫拉克之血（Sangue Morlacco） 　　　　　　　　　喜靈（Heering）

Pisco Sour

皮斯可酸味酒

皮斯可獨特的甜蜜花果香，以Sour形式調製更能襯托其特性，
皮斯可酸味酒不只酸酸甜甜好喝沒有酒味，蛋白產生的綿密泡沫與蓬鬆口感，
滴上苦精去腥還能增添風味，是杯完成度相當高的酸味雞尾酒。

INGREDIENTS

· 75ml 皮斯可
· 20ml 檸檬汁
· 20ml 純糖漿
· 1顆 蛋白
· 1dash 原味苦精

STEP BY STEP

1　將苦精以外的材料倒進雪克杯，以發泡器
　　打勻（※）。

2　加入冰塊搖盪均勻，濾掉冰塊，將酒液倒
　　入已冰鎮的淺碟香檳杯。

3　抖灑 2～3 滴苦精於酒液表面。

TASTE ANALYSIS

| 酸甜 | 花果 | 藥草 |

中酒精度　　　淺碟香檳杯　　　搖盪法

※使用發泡器預先打勻除了能減短搖盪時間，泡沫也
會更多讓口感更輕盈。攪拌過程中蛋白密度比較高、
不易搖勻的部份會纏繞在攪拌器上，去除這部份再進
行搖盪能讓口感更佳。

　　Pisco Sour 誕生於 20 世紀初的秘魯首都利馬，由維克多・莫里斯（Victor Morris）所創作，他本人是個帥到突破天際的調酒師。

　　1873 年維克多誕生於美國鹽湖城，年輕時他接手經營哥哥的花店，因事業需要，開始接觸鐵路業，1902 年，他決定賣掉花店，到猶他州的鐵路公司上班。次年他接受外派到秘魯的塞羅德帕斯科（Cerro de Pasco），負責建造採礦鐵路，1904 年鐵路建設完成，適逢秘魯獨立 83 週年紀念，政府決定在 7 月 28 日進行通車儀式（當天是秘魯的獨立日與國慶日）。

　　據說當天觀禮的民眾很多，調Whisky Sour的威士忌不夠用，維克多靈機一動，改用秘魯當地產的Pisco爲基酒，Pisco Sour這杯流傳於世的經典雞尾酒就這麼誕生了～

　　不過這個故事是秘魯爲了強調Pisco與Pisco Sour的正統性、結合獨立日杜撰的愛國故事。Pisco Sour眞正的誕生地是莫里斯酒吧（Morris Bar），它是1915年維克多辭去鐵路公司工作後，舉家搬遷至首都利馬開設的酒吧，因爲維克多是歪果仁，當地人都以Gringo（外國佬）稱呼他。

　　莫里斯酒吧裡有一本簽到簿，讓客人留下個資、意見反應、消費狀況等紀錄，功能就像FB打卡評論，客人可以按讚也可以留幹，這份珍貴的史料被莫里斯家族保存至今，記載了1916～1929年營業狀況。

　　根據簽到簿記載，莫里斯酒吧的Pisco Sour酒譜一直有變化，現今流傳的酒譜是調酒師馬力歐・布魯伊傑（Mario Bruiget）的創作，近代學者訪問馬力歐的孫子，他也說~~爺爺調的酒有一種味道叫做家~~，維克多的酒譜是古典Sour，加入苦精與蛋白調製則是爺爺的發想無誤。

　　維克多晚年並不如意，他曾在簽到簿抱怨旗下的調酒師帶走酒譜跳槽到其他酒吧，其中也包括跳到毛里酒店（Hotel Maury）的馬力歐，甚至還傳出Pisco Sour是發源自毛里的說法，嚴重影響他的生意。1929年2月，簽到簿簽下最後一個名字，酒吧宣告歇業，同年他宣佈破產，並於6月死於肝硬化。

　　就像台中豐仁冰或高雄阿婆冰，紅了就會有許多店家號稱自己是原創，其中玻利瓦爾飯店、利馬鄉村俱樂部也號稱是Pisco Sour的發源地……還好有這本簽到簿，讓維克多留下Pisco Sour正統原創的鐵證，因爲這些酒吧的調酒師都曾在簽到簿留下上班紀錄！不過莫里斯酒吧歇業後，確實是靠他們的推廣才讓Pisco Sour這杯神作流傳於世，而且酒譜100年來都沒有變化，厲害吧？

維克多・莫里斯

莫里斯酒吧的簽到簿

皮斯可 · Pisco

盛產於秘魯與智利的**皮斯可**（Pisco）以當地的葡萄品種釀製，不添加任何香料就能散發出獨特的甜蜜花果香，因此又被稱為香水白蘭地，是近年來崛起速度相當快的烈酒。

16世紀中，西班牙擊敗印加帝國開始殖民統治，不只將蒸餾技術傳入中南美洲，也嘗試利用當地的葡萄製酒，釀酒人發現酷班坦（Quebranta）這個葡萄品種能製作出純淨芳香而且很好喝的蒸餾酒。到了17世紀，往返本土與殖民地的船員已經不能沒有這種酒，於是就以當時進出殖民地的主要港口——Pisco港命名。

秘魯人認為Pisco是從奇楚瓦語的Pisqu（原意是鳥）演變而來，根據近代語言學家的考證，Pisco應該源自piskos，這是一種外型近似瓦斯桶的黏土容器，從13世紀就用來盛裝各種液體，當西班牙人到了中南美洲，也入境隨俗用它們存放蒸餾過的葡萄酒，久而久之演變成Pisco酒的名稱。

由於當時西班牙殖民的範圍包括現今的**秘魯**與**智利**兩國，19世紀它們脫離西班牙獨立後，各自宣稱擁有皮斯可產地的正統性，除了爭一口氣，背後更重要的是貿易帶來的經濟利益，如果有機會到秘魯旅遊，會發現它們的海關禁止攜入「任何稱為Pisco的外國飲料」明顯針對智利而來……對這段歷史有興趣、或是想瞭解兩國生產的皮斯可有何差異，請在Google搜尋「皮斯可戰爭」。

台灣一直到這幾年才開始有皮斯可引進，早期只有智利的產品，最近也有秘魯的品牌上市。智利皮斯可有些會經過短暫陳年，而且允許使用添加物，因此能製作出多種類型的產品迎合市場需求，用於調酒相當受歡迎；秘魯皮斯可原則上不會過桶陳年，製程中不允許任何形式的添加物（甚至連水也不行），用於調酒風味扎實、細緻，純喝的表現更是不輸其他烈酒！

雖然同樣是以葡萄為原料製作，**但用於調酒，皮斯可不能替代干邑白蘭地**，因為它們無論是葡萄品種與製程都不同，風味差異相當大。初學者建議先入手干邑，再將皮斯可列為第二順位，享受兩種葡萄烈酒帶來的調飲樂趣！

智利的凱柏皮斯可與秘魯的波頓皮斯可。

Caipirinha

卡琵莉亞

巴西讓你想到什麼……熱情的嘉年華？超強的足球隊？
對醉漢來說，來一杯卡琵莉亞才是王道，它不僅好調、好喝，
而且還有「治療」效果哩！

INGREDIENTS

· 60ml　卡夏莎
· 2tsp　砂糖
· 半顆　檸檬

STEP BY STEP

1　古典杯先放入砂糖，再將半顆檸檬切角投
　　入杯中。

2　將檸檬搗壓出汁，再倒入卡夏莎攪拌至砂
　　糖溶解。

3　補滿碎冰，以吧匙拉提讓材料均勻混合。

TASTE ANALYSIS

酸甜　　蔗香

中酒精度　　古典杯　　直調法

　　電影中的海盜爲什麼總是臉色蒼白、雙眼凹陷，皮膚也是青一塊、紫一塊，牙齒
還缺了好幾顆？其實這些都是壞血病的症狀，玩過大航海時代的玩家都知道，想解
壞血病任務要先找到萊姆果汁（0／1），但你知道這個任務最早是由誰解開的嗎？

　　壞血病是體內缺乏維生素C導致的疾病，經常發生在海軍與遠航水手身上，因爲致
死率相當高而且原因不明，即使是英勇的海上男兒也會嚇到漏尿，當時治療壞血病的
怪招相當多，像是吃水銀、用尿漱口、把自己埋在沙堆裡只露出半個舌頭之類勿。

正在船上進行人體實驗的詹姆斯·林德。

1747年，任職於英國皇家海軍的軍醫——詹姆斯·林德（James Lind），決定收集所有鄉野奇談進行科學實驗，他在航程中找了12個罹患壞血病的船員，先控制飲食變項讓大家三餐都一樣，不同組的病人再加碼吃一些當時認為有治療效果的食物，最幸運的那組吃到檸檬，其他組吃藥、喝醋、喝海水或喝蘋果酒，最衰的那組⋯⋯喝到稀硫酸。實驗結果可想而知只有一組獲救，林德持續做了幾次實驗，在1753年出版壞血病論（A Treatise of the Scurvy）發表結果。

不過林德的理論在當時並未受到重視，一為新鮮蔬果在航程中保存不易，二為他自己也沒有直指治療壞血病的關鍵，直到1794年，英國政府採納建議，在一艘前往印度的軍艦上配發檸檬汁給士兵飲用，23周的航程完全沒有人爆發嚴重的壞血病，這個結果讓全世界的航海人都驚呆ㄌ，相對容易保存的柑橘類水果就這樣逐漸成為壞血病剋星。

酸味調酒就是誕生於大航海時代的產物，船員將柑橘類水果、酒與糖摻在一起更易於飲用，只是用蘭姆酒調的後來變成黛綺麗、用卡夏莎調的變成卡琵莉亞這樣⋯⋯看到這大家有沒有發現——厲害的調酒好像都是阿兵哥發明的？而且一開始都是因為生病不得不喝，後來改一改、套一套就變成傳世經典，~~SOD~~哥哥爸爸真偉大原來都是真der。

根據巴西流傳的說法，當地可能很早就流傳混合檸檬、蜂蜜和大蒜調製治療感冒的飲料，有時也會套酒喝，卡琵莉亞就是從這種小偏方演變而來，想一想好像是真的（狀態顯示為愚夫），因為感冒最需要的就是殺菌（大蒜）、維生素C（檸檬）、養分（蜂蜜）、水與睡眠（酒精），下次感冒不要看醫生，直接喝卡琵莉亞比較快啦～

關於卡夏莎與卡琵莉亞，巴西有句古老的諺語是這麼說的：

quanto pior a cachaça, melhor a caipirinha
（最好喝的卡琵莉亞，來自最難喝的卡夏莎）

這句話的意思應該不是要你用難喝的卡夏莎調卡琵莉亞（難喝還喝，你有事嗎），而是這杯酒不需要用太高級的品項，用最基礎、最原始的風味就是最優的！它材料簡單，酸甜自行宏觀調控，只要不是買到很雷的卡夏莎，想調得難喝還有點難呢！

　　在酒吧想帥氣的用原文點卡琵莉亞嗎？它的發音近似**卡—撲—綠—ni—呀**（綠為一聲），多練習幾次再點，不然Bartender會以為你在罵他髒話~~靠杯拎娘~~。

柑橘類水果的果皮可以製作皮捲、果肉可以榨汁、切片可以當裝飾，是調酒最常用到的水果。圖為以杏桃白蘭地、柳橙汁與柑橘苦精製作的瓦倫西亞雞尾酒（Valencia）。

卡夏莎 · Cachaça

卡琵莉亞的基酒──**卡夏莎（Cachaça）**起源於三角貿易，殖民者由歐洲出發，船隻滿載槍枝、酒與金屬製品前往非洲大陸，以脅迫利誘換取黑奴，再將黑奴載往中南美洲種植經濟作物（主要為甘蔗），最後再從那裡載回糖、菸草、咖啡、棉花與酒，回到歐洲再重複相同循環，因為「載客率」百分百，成為悲慘但經濟效益相當高的貿易模式。

當時種植甘蔗的的奴隸下班後，主人會發甘蔗汁給他們作為獎勵，可是喝果汁很謀FU，聰明的奴隸就將甘蔗汁放到發酵、產生酒精再喝，這種DIY的維士比被稱為cagaça，很快的成為奴隸好朋友流傳開來。16世紀中，蒸餾器引進巴西，大大提升了這種酒的酒精濃度，到了17世紀它開始以Cachaça為名進行貿易，酒名源自西班牙文的Cachaza（原指以葡萄為原料製作的白蘭地）。

因為生產成本低，卡夏莎相當受到航海人的歡迎，荷蘭的奴隸販子尤其鼓勵生產卡夏莎，因為它可以當成貨幣去非洲買奴隸促進三角貿易，但以葡萄酒與白蘭地為出口大宗的葡萄牙政府稅收卻因此大受影響。1635年，葡萄牙政府下令禁止生產並開始取締卡夏莎長達14年，但卡夏莎魅力無法擋，抓都抓不完，最後只好以徵稅代替查緝，到了18世紀初，卡夏莎在巴西的貿易量甚至僅次於咖啡。

數個世紀以來，卡夏莎一直被定位為給船員、工人與中下階層喝的酒，貴族、有錢人仍以飲用進口葡萄酒與烈酒為主，這杯Caipirinha的名字也頗有貶意，它源於葡萄牙文的caipira，指的是鄉巴佬、從鄉下來的、土包子，就像Bumbler，總之是不好的詞啦！

儘管如此，近幾年卡夏莎已在國際市場取得知名度、銷量也不斷攀升，透過足球、森巴舞與嘉年華等巴西元素的行銷，卡琵莉亞這杯酒已成功推廣到全世界，也成為巴西當地餐廳的必備飲料，就像波多黎各有Piña colada，祕魯有Pisco Sour，巴西總統也在2003年將Cachaça和Caipirinha兩項文化遺產認定為巴西所有，並將Caipirinha列為國飲送進總統府！（鳴汽笛喇叭）

為了確保卡夏莎的貿易利益，巴西政府至今仍持續尋求國際支持，希望將它與蘭姆酒區分，當美國人在貿易協定中稱呼它為巴西蘭姆酒（Brazilian Rum）時還引起抗議……平平是甘蔗做的，卡夏莎與蘭姆酒究竟有什麼不同呢？

其實只要是以甘蔗為原料製作，都可以稱為蘭姆酒，但只有在巴西生產且符合當地法規的甘蔗酒，才可以稱為Cachaça，從原料來看，蘭姆酒的原料是甘蔗糖蜜（當然也有以甘蔗汁為原料製作的品牌），卡夏莎的原料則是甘蔗汁。

卡夏莎通常不過桶、不陳年，也很少像蘭姆酒加入香料與焦糖，因此更貼近原始甘蔗汁的香氣，厲害的卡夏莎會讓人有在喝不甜甘蔗汁的錯覺，很雷的卡夏莎酒質粗糙、酒精刺激性高，香氣也不太對勁，是一種踩雷率相當高的酒。還好台灣最近引進不少新的卡夏莎品牌，以往只能從「很雷」與「超雷」做選擇，現在已經可以買到不錯的U質品項，但卡夏莎用到的經典調酒不多，通常調完卡琵莉亞之後會不知道要調什麼，建議先嘗試各種類的蘭姆酒後，再入手一瓶調酒、純飲兩相宜的卡夏莎。

雷伯龍卡夏莎，有基礎款、陳年款與調味款。

Kir

基爾

有些人不喜歡白葡萄酒的原因可能是不甜又帶有澀味，

此時只要有一瓶黑醋栗香甜酒，

就能施展一種名為「基爾」的魔法，大大提高白葡萄酒的接受度唷！

INGREDIENTS

· 適量　白葡萄酒
· 適量　黑醋栗香甜酒

STEP BY STEP

1　香檳杯倒入適量的黑醋栗香甜酒。
2　倒入冰鎮過的白葡萄酒，攪拌均勻。

TASTE ANALYSIS

 微酸甜　 莓果

中酒精度　　　笛型香檳杯　　　直調法

　　法國政治家、同時也是天主教神父的菲利克斯·基爾（Felix Kir）在二戰期間擔任法國第戎市（Dijon）市長，第戎附近就是勃艮第葡萄酒的法定產區。神父為了推廣當地的農產品——黑醋栗，親自上陣當代言人，他推薦以黑醋栗製作的香甜酒，直接套勃艮第白葡萄酒喝，並以Blanc ——Cassis稱呼它（Blanc指的是白葡萄酒）。

　　當地人與遊客喝了這種調酒都驚呆ㄌ……原本不甜還帶有酸澀口感的白酒，加入黑醋栗香甜酒後，變成酸酸甜甜、好喝又沒有酒味的神奇飲品，好調、好喝、材料還很好準備，想不受歡迎都難！感恩神父、讚嘆神父！為了感念這位神級的農產品代言人，大家就以基爾（Kir）稱呼這杯酒。

菲利克斯·基爾神父

　　隨後基爾誕生了許多變體，像是以香檳、氣泡酒或其他酒類代替白葡萄酒，基爾（Kir）漸漸從一杯雞尾酒的名字，變成雞尾酒的一種調製法，它**泛指以少量黑醋栗香甜酒、混合大量的另一種材料**，像是以香檳調製基爾，就被稱為**皇家基爾（Kir Royale）**。

這種定義又被酒商推廣的酒譜再延伸，許多以基爾為名的調酒，使用的香甜酒已不再侷限於黑醋栗（像是用蜜多麗套白酒就稱為Midori Kir）。基爾最大的魅力在於──它將香甜酒的甜膩、透過混合另一相對不甜的材料，調製出1＋1＞2的效果，讓更多人能享受兩種材料的優點。

基爾早原始的酒譜是黑醋栗：白葡萄酒＝1：3，但這個比例甜到令人中風，建議抓1：7～1：8較為適飲，這杯酒要調得好喝還有一個關鍵：**白葡萄酒一定要充分冰鎮**（如果能將黑醋栗香甜酒也冰鎮效果更佳），白葡萄酒不夠冰或黑醋栗香甜酒比例太高，喝起來會有股藥水味兒。

最後再推薦一個喝法⋯⋯如果飲酒當天有人真的不太能喝酒，這時就用幾滴黑醋栗香甜酒、再以蘇打水代替香檳，調一杯「偽・皇家基爾」，不只和皇家基爾hen像，而且酒精度低到不能再低，放心舉杯和大家同樂吧！

黑醋栗香甜酒（Crème de cassis）

以香檳與黑醋栗香甜酒調製的
皇家基爾。

黑醋栗香甜酒

黑醋栗香甜酒的原文標示是Crème de cassis，為什麼很多香甜酒前面都有法文的Crème（奶油），這是因為很多香甜酒都是法國來的（翹小指），Crème只是想告訴你這個很「香濃」，口味只要看最後一個單字即可～

雖然用到黑醋栗香甜酒的經典雞尾酒不多，還是推薦大家入手一瓶備著，因為它實在是太好用了！雖然純喝會覺得很甜、酒液很稠像在喝感冒藥水，但只要簡單調一下，就能調出守備範圍相當廣的超簡派雞尾酒。

黑醋栗香甜酒除了可以套白酒、尬香檳、配果汁，最廣受日本人尤其是粉領族歡迎的喝法，是餐廳居酒屋常見的黑醋栗烏龍，也就是黑醋栗香甜酒加烏龍茶喝（搭無糖烏龍茶會比較好喝），比例從1：5開始試，依個人喜好再做調整。

對於那些不太能喝酒、又想要有一點喝酒感覺的人，黑醋栗烏龍的酒精度很低又有酒感相當適合推薦，加上酸甜度低不易喝膩，這麼厲害能不試試看嗎？

黑醋栗烏龍 (Cassis Oolong)

Sangria

桑格莉亞

家裡常常有別人送的紅酒，自己尻好像不合口味、拿來做菜又覺得浪費，
難道只能送給交情不好的朋友吹？這些酒到底要怎麼辦Ｒ～（國劇甩頭）
其實……你需要的是一壺桑格莉亞！

INGREDIENTS

- ·1瓶　　紅葡萄酒
- ·180ml　干邑白蘭地（或波本威士忌）
- ·90ml　柑曼怡（或君度）
- ·60ml　檸檬汁
- ·180ml　柳橙汁
- ·120ml　純糖漿
- ·適量　　水果切片（※1）

STEP BY STEP

1　將所有材料倒進冷水壺，攪拌均勻，靜置冰箱6～8小時。

2　高球杯裝滿冰塊，放入適量從冷水壺撈出的水果。

3　攪拌酒液後分裝到高球杯，依喜好補蘇打水（※2）。

TASTE ANALYSIS

| 微酸甜 | 綜合水果 |

中酒精度　　大型冷水壺／高球杯　　直調法

※1. 推薦的水果包括柳橙、檸檬、蘋果、水梨、蜜桃，切丁或切薄片會比較快入味；如果用葡萄、蔓越莓、覆盆子、藍莓等水果，建議稍微搗過再投入。

※2. 此酒譜酒精濃度偏高，如果覺得酒感過強，可以加入適量蘇打水攪拌，重型醉漢就不要猶豫，直接喝了吧～浸泡一夜新鮮水果的酒，原汁原味最好喝！

　　誕生於西元前五世紀的古希臘、被世人譽為現代醫學之父的**希波克拉底**對調酒也有貢獻，你敢信？（正襟危坐）

　　話說神醫為了讓古希臘人能喝到乾淨的水，發明了一種名為Hippocratic sleeve的 ~~Brita初號機~~ 過濾器，它以布料織成，外型有點像倒過來的巫師帽，倒入液體後藉由錐體設計擴大接觸面積，有效率的濾出液體 ~~我說這不就是濾掛咖啡口~~。

到了中世紀、也就是那個還沒有自來水廠的年代，歐洲人飯可以亂吃、水可千萬不能亂喝，因為當時有一堆奇奇怪怪的胎哥病，連喝個水都有可能領便當……還好細菌病毒無法存活於酒精，喝酒比喝水安全的一個理直氣壯，所以無論男女老幼都把酒當水在喝~~潮夾 der~~……下次阿母又唸你怎麼一直喝酒，就回嗆：「水塔先清乾淨再出來談（8＋9語氣）。」

可是……只有喝酒不是很無聊嗎？不如來加點料吧！開始有人在葡萄酒內加糖、浸泡香料（主要是肉桂），天氣冷甚至還會加熱飲用。因為浸泡了草草葉葉碎碎粉粉的香料，不去掉一定會影響口感，此時醉漢們想起神醫發明的~~咖啡濾袋~~Hippocratic sleeve，為什麼不拿它來濾這些渣渣呢？這一濾，口感純淨滴滴甘醇~~根本屌打娘家滴雞精~~，讓所有歐洲人都驚呆カ！之後越來越多強調療效（主要是壯陽）的產品問世，讓這種好喝還能軟茄變天柱的藥酒席捲歐陸一個超級賣。

希波克拉底如果發現自己懸壺濟世的醫療器材居然被醉漢拿來酗酒兼壯陽，應該會揪北宋，還好醉漢們都有顆感恩的心，將這種方式製作的酒統稱為 **Hippocras**，希望他老人家地下有知能寬慰一些……知道這段典故後，下次看病時別忘了跟醫生說：「（台語）先生，咱調酒ㄟ尬做醫生A，攏同一個師傅哩甘知？」

Hippocras 後續在各地誕生不同的變體，其中最有名的就是發源於西班牙南部安達魯西亞的**桑格莉亞**（**Sangria**），這個名字可能源自西班牙語的血液（Sangre），因為外觀深紅濃郁真的很像在喝血袋啊！

雖然西班牙早在中世紀就開始種植葡萄釀酒，但安達魯西亞受其風土條件限制，無法產出優質的品項，於是發展出以當地盛產的柑橘類水果加入葡萄酒、再加糖等材料調整風味的飲用方式，這種老少咸宜、男女通殺的口味漸漸成為當地甚至是整個西班牙的國民飲品，而且只要是葡萄酒都可以拿來調Sangria xxx，例如用白葡萄酒調製的版本就稱為Sangria Blanca！

桑格莉亞是「壺」自由度很高的調酒，沒有所謂的標準酒譜，想怎麼調就怎麼調；想喝烈一點、淡一點、酸一點、甜一點，只要調整各種材料的比例就能輕鬆達成，想要怎樣的風味還可以隨性加料，下次入手葡萄酒的時候，好好發揮一下你的個人風格吧！

1

將葡萄酒倒入準備好的容器。

2

切些喜歡的水果切片與水果丁。

3

將其他液體材料倒入，攪拌均勻。

4

靜置冰箱6～8小時後，倒出酒液加冰塊即可飲用！

Bamboo

竹子

竹子是一杯結構相當特殊的雞尾酒──使用兩種加烈葡萄酒進行攪拌，
淡雅細緻的藥草香氣、微酸澀又不甜的口感，很適合當成開胃酒飲用。
冷冽、清爽又不失勁道，即使喝很多杯也不會覺得膩。

INGREDIENTS

· 60ml 雪莉酒（Fino）
· 20ml 不甜香艾酒
· 1dash 柑橘苦精

STEP BY STEP

1　將所有材料倒進調酒杯，加入冰塊攪拌均勻。
2　濾掉冰塊，將酒液倒入已冰鎮的馬丁尼杯。
3　噴附檸檬皮油、投入皮捲作為裝飾。

TASTE ANALYSIS

不甜	藥草	柑橘

中酒精度

馬丁尼杯

攪拌法

　　竹子雞尾酒的創作者是德裔調酒師路易斯・艾平格（Louis Eppinger），1889年他辭去舊金山的工作，遠渡重洋到日本橫濱擔任格蘭酒店（Grand Hotel）的經理，他在這裡調製出竹子雞尾酒，以及另一杯傳世經典——**百萬美元（The Million Dollar）**。

　　艾平格可能是受到19世紀晚期法式香艾酒開始流行的影響，將原本使用義式甜香艾酒調製的**阿多尼斯（Adonis）**改以法式香艾酒替代，調出口味不甜的竹子，提供客人另一種選擇，靠著往來日本的外國遊客口耳相傳，又讓這杯名字充滿東瀛風情的雞尾酒紅回歐美。

　　格蘭酒店在1923年的關東大地震中被震垮，四年後在附近進行重建，也就是現在的新格蘭酒店（Hotel New Grand），裡面的飯店酒吧——海洋守護者二號（Sea Guardian II）承襲誕生地榮耀，持續供應三杯代表性雞尾酒：竹子、百萬美元與**橫濱（Yokohama）**……雖然橫濱雞尾酒並不是誕生於橫濱，但飯店就蓋在橫濱港邊，不出這杯酒說得過去嗎？

根據艾平格徒弟Keisuke Oda的說法，本店一脈相承的竹子酒譜，材料是不甜雪莉酒、法式不甜香艾酒與柑橘苦精，而且比例一定要3：1。~~其他亂七八糟的酒譜全部都要燒～毀～~~

那爲什麼很多竹子的酒譜都是1：1呢？這杯酒最早的文獻記載是1906年威廉・布思比（William Boothby）的世界飲品調製指南（The World's Drinks and How to Mix Them），酒譜比例與Dry Martini一模一樣都是1：1，只是將琴酒換成雪莉酒而已。

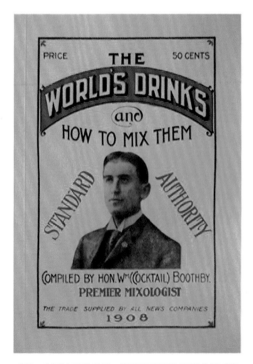

威廉・布思比環遊世界，將所喝所聞的酒譜收錄成書。

如果看到這你心頭一驚，代表你真的很有調飲慧根……為什麼1：1的馬丁尼可以稱為Dry Martini？到底Dry在哪？其實現代人喝的Dry是真的超Dry，與一百年前布思比那個時代的Dry定義差很大，布思比的Martini酒譜是用老湯姆琴酒（甜味）加義式香艾酒（甜），所以當他用英式琴酒（不甜）加法式香艾酒（不甜）調製Dry Martini的時候，當然會覺得Dry囉！**現在喝馬丁尼對於Dry的定義已經不是口味上的甜與否，而是琴酒與香艾酒的比例差距**，因為當琴酒的比例很高，馬丁尼喝起來相對的就會比較不甜（辛口）。

布思比1：1的酒譜就這樣在美國流傳開來，但竹子這種植物對美國人來說相對陌生，所以它在美國還有另一個名字——波士頓竹子（Boston Bamboo），這就像牛肉麵就牛肉麵，什麼時候有了台灣牛肉麵是類似的概念。

不過竹子這杯酒不需要拘泥於酒譜，只要兩種酒都是新鮮的狀態，無論是3：1或2：1還是1：1，甚至顛倒比例也可以，怎麼調都很好喝！如果覺得用馬丁尼開胃太吃力，竹子是個不錯的選擇！

調製好喝的竹子有兩個訣竅：

第一是**調製前先將雪莉酒與香艾酒冷藏**，調製時可以降低融水量，維持口感的飽滿。

第二是**柑橘苦精的拿捏**，因為這兩種材料的香氣較為細緻，抖太多苦精會讓它們失去特色，適量使用不只能整合兩種酒為一體，還能讓口感更有層次！

雪莉酒·Sherry

雪莉酒（Sherry）是特產於西班牙南部，加的斯省（Cádiz）赫雷茲產區（Jerez）的一種加烈葡萄酒，在葡萄酒發酵完成後加入白蘭地提高酒精濃度製作而成。雪莉酒的產區、葡萄品種與製程均有嚴格限制，其中最特別的就是採用學長學弟制的**索雷拉陳釀系統（Solera System）**。

索雷拉系統由數層的橡木桶堆疊而成（每一層都有很多個），假設有個上、中、下三層的索雷拉系統，不妨把它想像成：最底下的酒桶是三年級、中層的是二年級、最上層的是一年級。

當雪莉酒釀製完成，最菜的學弟酒先被倒入上層，陳放一段時間後將一部分上層的酒流入中層，然後上層補倒新酒，再陳放一段時間後，將一部分中層的酒流入底層，上層的酒再補給中層，然後上層再補新酒……無限Repeat。

最下層的酒桶終於有一天快漫出來ㄌ，要～爆～了～就是畢業的時候啦，最老的學長汁從底層的酒桶流出一部分，裝瓶出售，然後中層往下補滿、上層也往中層補汁，索雷拉系統就是透過這樣無止盡的換桶出汁，讓每個酒桶內同時有各個年代的學長酒與學弟酒，由上而下進行緩慢的熟成，因為學弟都會變成學長的形狀，這樣的陳釀方式能讓自家品牌維持風味的一致性，不會因為哪一年突然來了批不長進的學弟，就壞了學校的名聲。

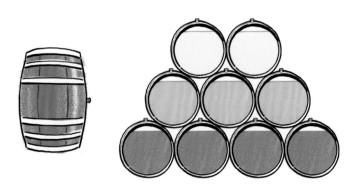

索雷拉陳釀系統示意圖

槓上開花可以加一台，但是酒上開花更厲害，它是雪莉酒好喝的祕密。雪莉酒在長年的陳放過程中，為了避免酒液氧化，酒桶只會裝六分之五滿，酒液表面會有一層被稱為Flor（西班牙語的花）的酵母膜，它能阻絕酒液與空氣避免氧化，造就出酒液金黃透澈、口感清爽不甜的Fino雪莉酒，Fino也是所有種類的雪莉酒中最受歡迎、產量最大的一種。

另一方面，釀酒師也能透過控制酒精度數的方式，改變酵母膜的量、造成不同程度的氧化，像是將酒精濃度提高到16％以上，花就開不太起來，能製作出顏色較深（因為氧化）、香氣濃郁且略帶甜味的Oloroso雪莉酒。

Fino口味的雪莉酒雖然是葡萄加烈酒，但它的酒精濃度不高、也不含糖，開瓶後很容易氧化走味（不像香艾酒，只要保存得宜就能久放），所以調完竹子之後，剩下的就盡快找時間吹瓶吧！

提歐沛沛雪莉酒，全世界最暢銷的Fino雪莉酒。

Coffee Cocktail

咖啡雞尾酒

太陽餅裡面沒有太陽、老婆餅裡面也沒有老婆，

咖啡雞尾酒裡面當然可以沒有咖啡！

一杯沒有咖啡的咖啡雞尾酒，喝起來居然有咖啡的味道，這究竟是什麼巫術？

INGREDIENTS

· 45ml 干邑白蘭地
· 45ml 波特酒
· 1tsp 純糖漿
· 1顆 全蛋

TASTE ANALYSIS

 甜味　 咖啡　蛋

中高酒精度　　淺碟香檳杯　　搖盪法

STEP BY STEP

1　將所有材料倒進雪克杯,以發泡器打勻。

2　加入冰塊搖盪均勻,濾掉冰塊,將酒液倒入
　　已冰鎮的淺碟香檳杯。

3　撒上少許荳蔻粉作為裝飾。

　　咖啡雞尾酒的起源已不可考,1887年,托馬斯將這杯酒的酒譜收錄於再版的Bar-Tender's Guide,依照傳統的Cocktail定義,Coffee Cocktail應該是指以Cocktail法調製咖啡,問題是——這杯酒沒有苦精、更沒有咖啡啊!

　　連收錄這杯酒的托馬斯本人也覺得這是一個「誤稱」,他認為這杯酒是因為色澤近似咖啡而得名,但是!咖啡雞尾酒不只外觀像咖啡,喝起來還真的帶有近似咖啡、奶茶的香氣,如果搖盪夠久、夠均勻,漂浮於上的綿密泡沫是不是超像卡布其諾?厲害的話還可以拉個花呢!

　　看到材料中有全蛋,很多人可能會不敢嘗試(這樣喝等於是尻生雞蛋啊),但像咖啡雞尾酒這樣材料結構特殊、味道還很奇妙的雞尾酒……實在是想不到第二杯了,強力推薦一定要試試看!

　　要調製好喝的咖啡雞尾酒有三個關鍵:

❶ 蛋一定要很新鮮,不新鮮的蛋冰喝還勉強過得去,喝太慢、酒一升溫,蛋腥味會很明顯。

❷ 搖盪時間要稍微久一點,讓材料混合均勻,建議用小冰塊搖盪效果較佳。

❸ 波特酒要挑果香味濃、甜度高澀度低的品項,才能包覆白蘭地的刺激性,讓口感更柔順。

波特酒 · Port

波特酒（Port）是產於葡萄牙北部斗羅河谷（Douro Valley）的葡萄加烈酒。雪莉酒是在發酵完成、無殘糖的時候加入白蘭地提高酒精濃度；波特酒則是在發酵未完成、還有殘糖時加入白蘭地，也因此波特酒的口味大多是甜的。

航行於斗羅河谷的雷貝洛船，照片由 Güldem Üstün 所攝。

17世紀末，第二次百年戰爭初期，英、法兩國除了軍事衝突，貿易間的角力也是打得火熱，雖然有仗要打，這酒也是要照喝，無法生產U質葡萄酒的英國還是要仰賴進口，但都跟法國開打了，怎麼可能還跟法國進葡萄酒呢？

而葡萄牙從14世紀末開始，經濟上就與英國往來密切，到了1703年，英、葡兩國簽訂梅休因條約（Methuen Treaty），條約中大幅降低葡萄牙出口葡萄酒到英國的關稅，讓葡萄牙的葡萄酒業蓬勃發展。隨著英國對葡萄酒的需求量增，對品質要求也越來越高，商人開始轉往斗羅河谷，一個質量均佳的葡萄酒產地。

但問題是，斗羅河谷距離出口港超遠，省了關稅卻沒省到運費怎麼辦？商人於是改走水路，用船體小、速度快而且機動性高的雷貝洛船（Rabelo Boat）運酒，雖然到了二十世紀它被鐵路取代，但雷貝洛船已經是葡萄牙文化的一環，至今仍有觀光用的雷貝洛船漂流在杜羅河上，讓遊客拍照打卡（雙手比YA）。

斗羅河的出海口──波多（Porto），是葡萄牙出口葡萄酒到英國的港口，漸漸的英國人就以港名稱呼這種來自葡萄牙的酒，由於波特酒是因應英國需求誕生的葡萄酒，許多波特酒的品牌名稱都很英國風。

有趣的是，波特酒原本只是一般的葡萄酒，並不是加烈酒，會演變成高酒精度且帶有甜味，最早是爲了克服運送的問題，葡萄牙距離英國不像法國這麼近，葡萄酒酒精濃度低、無法負荷長時間的航程，會～壞～掉～因此18世紀初開始出現在發酵過程中加入烈酒、殺死酵母菌以中止發酵的作法，不只讓葡萄酒能順利送達，香甜濃郁的口感更讓喝到的英國人全都驚呆力！

波特酒種類很多，初學調酒者建議先入手基本款的**紅寶石波特酒**（**Ruby Port**），它在陳釀過程中幾乎沒有氧化，因酒液近似紅寶石色澤而得名。紅寶石波特酒果香味濃，口感較為清爽，如果喝了喜歡，再入手高陳年款的波特酒，像是茶色波特酒（Tawny Port），或是只用年份最好的葡萄釀製的年份波特酒（Vintage Port）。

波特酒的酒精濃度通常比香艾酒或雪莉酒高，開瓶後沒有盡速喝完的壓力，即使沒有冷藏也不容易壞掉，很適合居家常備一瓶，不僅可以當餐前開胃酒、飯後甜點酒，睡前來上一杯當養命酒也不錯，如果你不喜歡喝葡萄酒是因為覺得它喝起來酸酸澀澀的，不妨嘗試看看甜甜的波特酒唷！

山德曼與馬可波特酒

Sherry Cobbler

雪莉酷伯樂

酷伯樂（Cobbler）是一種祖公級的調製法，
它的出現讓所有喝過的美國人全都驚呆ㄌ：
酸酸甜甜帶有水果風味、滿滿碎冰還插著一根吸管……
對兩百多年前的醉漢來說，碎冰與吸管根本是天上掉下來的禮物！

INGREDIENTS

- 60ml 雪莉酒（Fino）
- 15ml 檸檬汁
- 15ml 純糖漿
- 2-3 片 柳橙片
- 2-3 個 去皮鳳梨角
- 數顆 莓果（藍莓、覆盆子、蔓越莓等）

TASTE ANALYSIS

酸甜	莓果	柑橘	鳳梨

低酒精度

可林杯／厚底長飲杯

直調法

STEP BY STEP

1　將柳橙片與鳳梨角投入雪克杯，搗壓出汁。

2　將前三種材料倒入雪克杯，加入冰塊搖盪均勻。

3　濾掉冰塊，將酒液倒入已裝滿碎冰的厚底長飲杯。

4　以柳橙片與數顆莓果作為裝飾，附上吸管。

被譽為美國文學之父的作家——華盛頓・歐文（Washington Irving）1809年出版的紐約外史中提到雪莉酷伯樂，是關於這杯酒最早的文獻記載，雖然並未提及它的外觀、材料與作法，但至少知道它已經超過兩百歲了（蓋章）。

後來雪莉酷伯樂陸續出現在各種文獻：1837年的紳士雜誌（The Gentleman's Magazine）、1844年狄更斯的小說——馬丁・翟述偉（Martin Chuzzlewit），但一直到了19世紀中，1846年的加拿大與加拿大人（Canada and the Canadians in 1846）這本書才詳述了它的作法。

1862年托馬斯的著作將Cobbler定義出幾項重要的元素：酒、糖、柑橘、時令莓果、碎冰與吸管，書中還把Cobbler收錄在最首的Punch與茱莉普（Julep）之後……雖然Punch是歪果仁發明的，但Cobbler是道道地地、發源於美國本土的經典調飲法！

醉漢好朋友——製冰機，發明於1840年代，也就是電影冰雪奇緣（Frozen）的故事背景，在那之前的人們如果想在冬季以外的季節吃到冰塊，就只能仰賴男主角阿克（Kristoff）這種採冰人；他們在冬天即將結束、冰塊要開始融化時，會從新英格蘭河鑿下體積龐大的冰塊，然後把它們送到大型的隔熱倉延緩融化。

19世紀初，想在大熱天喝到一杯裝滿冰塊的飲料是多奢侈昂貴的享受？調酒師背著麻袋向冰商買冰，在冰塊還沒融化前趕回店裡，只爲了調出一杯冰涼暢快的雪莉酷伯樂，客人第一次看到這種神奇的飲料簡直樂翻……「冰塊耶！冰塊耶！你看是冰塊耶！」

爲了用於調酒，冰塊被敲成一塊一塊的碎冰裝在杯子裡，讓它外觀看起來就像一顆顆的鵝卵石（cobble），久而久之大家就用Cobbler稱呼這種雞尾酒，當時全球最夯的葡萄酒是雪莉酒，Cobbler不用Sherry能make sense嗎？（ABC腔）

雪莉酷伯樂到底有多紅呢？話說托馬斯有個既生瑜、何生亮的死對頭叫做哈利・強森（Harry Johnson），他在1882年的著作中這樣敘述雪莉庫伯樂：

97. THE COBBLER.

Like the julep, this delicious potation is an American invention, although it is now a favorite in all warm climates. The "cobbler" does not require much skill in compounding, but to make it acceptable to the eye, as well as to the palate, it is necessary to display some taste in ornamenting the glass after the beverage is made. We give an illustration showing how a cobbler should look when made to suit an epicure.

98. Sherry Cobbler.

(Use the large bar glass.)

2 wine-glasses of sherry.
1 table-spoonful of sugar.
2 or 3 slices of orange.

Fill a tumbler with shaved ice, shake well, and ornament with berries in season. Place a straw as represented in the wood-cut.

托馬斯書中對Cobbler的介紹。

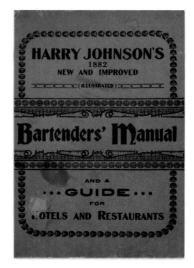

哈利・強森1882年的著作。

The Sherry Cobbler is "without doubt the most popular beverage in the country, with ladies as well as with gentlemen." It is a very refreshing drink for old and young.

（雪莉酷伯樂毫無疑問是美國最受歡迎的飲料，紳士淑女都喜歡，是一杯老少咸宜的U質飲品）

強森老師說的一點都沒錯，雪莉酷伯樂酸酸甜甜冰冰涼涼酒精濃度又低，即使喝一整天也不會怎麼樣，它不但新奇、好玩而且還很好喝哩！當時美國如果有手搖飲料店，酷伯樂的地位大概就像珍奶這樣無人能敵吧。

雪莉酷伯樂就這樣從19世紀初誕生、隨著製冰機發明開始普及、再透過教父的推廣爆紅，它的流行也催生出兩個劃時代的產物：**吸管與三件式雪克杯**。

19世紀的人們沒有什麼口腔保健觀念，牙齒出了狀況也沒有牙醫可以看（當時拔牙要找理髮師你敢信，舒○定說每三個人當中就有一個人是敏感性牙齒，那時候應該每十個人就有十個人是敏感性牙齒），他們想喝這種透心涼的新奇飲品又受不了冰塊接觸到唇齒的刺痛感，既期待又怕受傷害，一個左右為難到底該怎生是好？（絞手帕）

還好醉漢自會找到出路，他們將中空的麥稈剪一段起來，用它喝Cobbler嘴巴就不會直接接觸冰塊，可是麥稈泡到酒會爛、泡久了還會影響酒的味道，只能勉強湊合著用。到了1888年，原本是煙捲製造商的馬文‧史東（Marvin Stone）覺得Cobbler商機無限，幾經實驗後，他以石蠟塗在馬尼拉紙上，製作出可防水、不易斷裂的紙捲，成為最早的現代化吸管，造福千千萬萬個想喝冰的醉漢。

古典的雞尾酒大多以直調法製作「……咦？你說馬丁尼用攪拌、白色佳人用搖盪？拜～託～這些酒雖然古典，但跟Cobbler比起來根本還在吸奶嘴好嗎？」Cobbler要將水果與酒均勻混合，一定要採取強硬激烈的手段：用～搖～的～雪克杯就在這樣的需求下誕生了！

現在我們所熟悉的三件式雪克杯（上蓋、中蓋與底杯），它的英文名字就叫做Cobbler Shaker！雞尾酒界有個潛規則，當一杯酒強到沒天理，它用的杯子就會以它為名，像是馬丁尼杯、瑪格麗特杯、可林杯……但Cobbler厲害到連工具都以它為名（狀態顯示為逆天），這麼強的雞尾酒，不調調看嗎？

雖然雪莉酷伯樂這杯古老的雞尾酒幾乎已經消失於現代雞尾酒單，但它的精神──以新鮮水果入酒在近代早已運用於各式各樣的創意調酒，「酒＋酸＋甜＋新鮮水果＋碎冰」可說是不敗的黃金公式，相當適合推薦給少男少女或是害怕酒辣辣的人唷！

三件式雪克杯（Cobbler Shaker）

波士頓、法式與酷伯樂雪克杯

除了常見的三件式雪克杯，還有另一種經常用於調酒、尤其受歐美調酒師歡迎的**波士頓雪克杯**，它由一個Tin杯與一個玻璃調酒杯構成，調製時只要將材料與冰塊倒入調酒杯，再合上Tin杯搖晃均勻即可，它不像三件式雪克杯有中蓋可濾冰，通常會搭配隔冰匙使用。

19世紀初沒有什麼調酒工具，當時的人們想要混合不同的材料，只能藉由兩個杯子互相倒過來再倒過去，據說有位旅館服務生無意間發現，將兩個一大一小的容器組合起來，用搖盪的方式混合更快更均勻！

托馬斯雖然早強森20年出書，可惜沒有將這種工具畫進書裡，只能根據他的介紹猜想它早期的外觀是兩個碗型容器組合起來像一顆蛋。直到1882年，強森著作中的插圖首度出現一端金屬一端玻璃杯的調酒工具，外型已經近似現代的波士頓雪克杯。

雖然現代的波士頓雪克杯早已用不鏽鋼製作，但19世紀哪來的不鏽鋼？上流社會有錢就用銀杯、比較平價的選擇就是錫杯，這也就是為什麼即使已經2018年了，調酒師們還是習慣稱波士頓雪克杯的不鏽鋼端為Tin（錫）杯的原因。（師父這樣叫我只好跟著叫呀！）

調酒師雙手持雪克杯兩端讓酒液從交界處隙縫流出，這種不用隔冰匙濾冰的技術至今仍是專業調酒師的基本功。

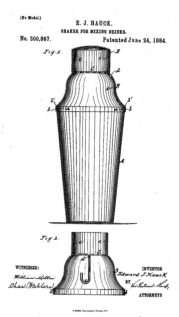

愛德華‧浩克申請酷伯樂
雪克杯的專利。

　　19世紀晚期，這種一端金屬一端玻璃的雪克杯傳入歐洲，可能是因為地方的調酒師覺得它難用，有時卡不緊、搖盪容易鬆脫，慢慢發展出一種兩端皆為金屬、底杯大上蓋小的**法式雪克杯**，它不僅密合度極高，造型也相當優雅。

　　1884年，愛德華‧浩克（Edward Hauck）獲得三件式雪克杯的專利，它的外型已經近似現代的三件式雪克杯，內部附有濾網可以濾冰超方便，搭著酷伯樂調酒爆紅的順風車，漸漸的大家就以Cobbler Shaker稱呼它。

　　20世紀初，雪克杯已經廣泛運用於雞尾酒，也開始普及於一般家庭，到了禁酒令時期，雞尾酒變成禁語，傳統造型的雪克杯頓時成為犯案工具，於是各種造型的「雪克杯」陸續登場：企鵝、燈塔、公雞、飛行船、摩天大樓……家家戶戶都有一個不能說的工具……被探員查緝時就進行一個裝死的動作，這是藝術品啦～藝術品啦！

　　禁酒令結束後，美國人13年無法公然喝酒的積怨一次大爆發，怒喝！怒喝！除了怒喝還是怒喝，雪克杯的需求也直線上揚，雞尾酒的榮景就這樣持續了幾年，直到第二次世界大戰，鋼鐵都拿去用於戰爭，雪克杯想生產也沒有原料啊！

　　隨著戰後經濟復甦，雞尾酒也回歸到日常生活，透過電影、電視的推廣，喝調酒成為時尚象徵，往日那些特殊造型的雪克杯成為歷史，而波士頓、法式與酷伯樂雪克杯通過時代考驗，成為現今吧台上主流的三種雪克杯。

那……我應該選用哪種雪克杯呢？雪克杯沒有絕對的好壞，建議初學者從三件式雪克杯開始練習，它密合度高、不易搖爆，上手門檻最低，稍加練習後再嘗試難度較高的波士頓雪克杯，熟練後就能針對不同的調酒挑選適合的雪克杯。

波士頓雪克杯
・優點：清洗方便無死角、操作快速容易打開、能一次調出大容量或多杯調酒、適合長飲型調酒。
・缺點：初學者不易上手容易鬆脫、冰塊耗損量大、成品容易水掉、須搭配隔冰匙使用、玻璃杯有爆杯風險。

三件式雪克杯
・優點：密合度高適合初學者、冰塊耗損量低、內建濾冰功能、適合短飲型調酒。
・缺點：清洗不易、操作速度慢、多次搖盪後不易打開。

波士頓雪克杯（Boston Shaker）

法式雪克杯（French Shaker）

雙重過濾 · Double Strain

　　如果將水果片與其他材料放進雪克杯一起搖盪，只透過濾孔偏大的雪克杯中蓋過濾，會讓大量的果渣、纖維與籽落入杯中影響口感，倒酒時，以密度更高的濾網再過濾一次即可避免這種情形，此技法被稱為雙重過濾。

　　雙重過濾時如果發現流量太慢，就一邊輕晃濾網、一邊以雪克杯側面輕敲濾網，讓酒液流出更順暢；如果堵塞嚴重就放下雪克杯，以吧匙輕刮濾網內側即可。

　　想用不易榨汁的水果調酒嗎？酸酸甜甜新鮮又自然誰能不愛呢？如果覺得先前介紹的混合法又要打又要清很麻煩，或是覺得霜凍太冰受不了，用**搗壓出汁**、**劇烈搖晃**與**雙重過濾**三管齊下，就能調出一杯滋味豐富、有果味沒果渣的水果雞尾酒唷！

雙重過濾（Double Strain）
如果不希望成品漂浮碎冰，也可以用雙重過濾將碎冰濾掉。

從側面輕敲濾網加速過濾。

Mint Julep

薄荷茱莉普

早餐通常喝什麼？柳橙汁？鮮奶？黑咖啡？距今兩百多年前，
美國維吉尼亞州有一群拓荒者，他們的早餐讓所有美國人都驚呆ㄌ……
一杯被稱為薄荷茱莉普的醉漢靈藥！

INGREDIENTS

・75ml 波本威士忌

・15ml 純糖漿

・適量 薄荷葉

STEP BY STEP

1　杯中倒入糖漿，投入薄荷葉並用搗棒輕輕旋壓讓香氣散出。

2　倒入半滿碎冰，再倒入一半的波本威士忌，攪拌均勻。

3　補滿碎冰，倒入另一半波本威士忌，持續攪拌直到杯壁結出冰霜。

4　以一株薄荷葉作為裝飾，撒少許糖粉於頂端，附上兩根豆吸管。

TASTE ANALYSIS

甜	薄荷

中高酒精度

茱莉普杯

直調法

※如果沒有茱莉普杯，可以拿三件式雪克杯的底杯頂著用。

　　茱莉普（Julep）一詞原為法語，它源自阿拉伯語的Julab、波斯語的Gulab（gul的意思是花，ab的意思是水，也就是一種透過浸泡、蒸餾等技術製作的玫瑰水）。十字軍東征後，這個詞彙回到歐洲演變成Julep，指糖水、甜藥水，或是喝下苦藥後用於舒緩口感的液體。

　　18世紀末的美國，茱莉普已經變成一種常態性的酒精飲料，根據1797年出版的美國博物館（American Museum）記載，典型的維吉尼亞人通常在早上六點起床，然後馬上尻一杯茱莉普（蘭姆酒＋水＋糖）當早餐，每天一定要來這麼一杯，就像我們現在早上喝咖啡，喝完才有辦法開始一整天的農務。啊～福氣啦！

　　薄荷茱莉普又是怎麼來的呢？傳說在19世紀初，有位來自肯塔基州的船夫航行在密西西比河，當他正準備撈些河水調威士忌喝，突然聞到岸邊飄來一陣薄荷清香，

於是他把薄荷葉加進酒裡，這一喝是個超！神！搭！他呷好道相報，讓這種喝法開始流行起來。

其實薄荷茱莉普的誕生根本不需要什麼傳說，波本威士忌是肯塔基州的特產，薄荷也是，這兩種東西加在一起喝是遲早的事。1803年，約翰・戴維斯（John Davis）出版的遊記，提到維吉尼亞人的早餐是一杯插有薄荷葉的烈酒，是關於薄荷茱莉普最早的文獻記載。

喜歡Mojito、雪莉酷伯樂和薄荷茱莉普嗎？是時候入手一台碎冰機了！

維吉尼亞人早餐吃薄荷茱莉普這件事一定讓很多人嚇到，只要提到薄荷茱莉普大家都只記得維吉尼亞人把這個當早餐喝；弗雷德里克・馬利埃特（Frederick Marryat）是英國海軍軍官兼小說家，他在1839年出版的日記中對薄荷茱莉普有一段有趣的評論：

"They say that you may always know the grave of a Virginian as, from the quantity of julep he has drunk ,mint invariably springs up where he has been buried."
「當你看到墳頭長出茂密的薄荷葉，就知道那裡葬了一個維吉尼亞人。
（可見他們喝了多少薄荷茱莉普）」

薄荷茱莉普最早是以白蘭地為基酒，一般農人負擔不起只好用蘭姆酒，但它們在內戰期間逐漸被在地生產、價格低廉的威士忌取代，所以有些酒譜將以波本威士忌為基酒的版本稱為Kentucky Style……不過現在點薄荷茱莉普如果沒有特別指定，調酒師大多會以波本威士忌為基酒。

19世紀初，能用銀杯喝酒象徵尊貴的身份與地位，更不用說當時仍不易取得的冰塊，一般農人喝的跟有錢人不一樣，他們不是喝常溫的薄荷茱莉普，就是要等主人心情好賞賜幾顆冰塊，太悲慘了……你能想像薄荷茱莉普不會冰嗎？

肯塔基州的特產除了波本威士忌，還有賽馬。1875年，美國三大賽馬大賽之一的肯塔基德比賽馬節（Kentucky Derby）首度在邱吉爾唐斯賽馬場（Churchill Downs）舉辦，這杯最具地方代表性的雞尾酒在活動中讓觀眾暢飲，從此以後看賽馬喝薄荷茱莉普就成為傳統。到了1938年，大會更將薄荷茱莉普列為官方指定雞尾酒，人家比賽贏的是獎盃，這裡賽馬贏的是薄荷茱莉普杯，厲害吧？

身為一個職業的醉漢，如果有機會到肯塔基州旅（ㄏㄜˋ）遊（ㄐㄧㄡˇ），除了一定要去的波本酒廠巡禮，每年五月第一個禮拜六的賽馬節也要去朝聖……就算對賽馬完全沒興趣也沒關係，光是帶回那些精美的茱莉普薄荷杯就值回票價啦！

茱莉普 & 霍桑隔冰匙

想像你拿到一杯裝滿冰塊的薄荷茱莉普，但是身處吸管還尚未發明的19世紀初，試問單兵該如何飲用？一開始慢慢喝還沒問題，但是當杯裡只剩最後一點酒，一個仰天長喝就會被冰塊顏射啊！

正所謂醉漢自會找到出路，為了解決這個問題，他們將匙面有數個小洞的金屬匙插入杯中覆蓋冰塊，飲用時酒液透過洞口流出，享受到冰涼暢快的口感，冰塊也不會接觸唇齒造成不適，這種應該得諾貝爾獎的發明就是隔冰匙的前身。

隔冰匙依外型可分為兩種：**茱莉普**（Julep）與**霍桑**（Hawthorne）。

茱莉普隔冰匙起源較早，隨著吸管的普及，它逐漸從喝酒輔具變成調酒工具：材料攪拌完成後，將隔冰匙插入調酒杯將酒液濾出，讓冰塊留在調酒杯。除了調酒與喝酒，因為它匙面有洞，撈起冰塊後水分會從洞中流出，當成小冰鏟用也很方便！

有一種說法認為薄荷茱莉普實在是冰到靠杯，當時的人們沒辦法直接喝，只好搭配這種洞洞匙飲用，因為酒與匙總是一起出現，久而久之大家就以茱莉普匙稱呼它；另一種說法認為Julep有藥物的意思，尤其指稱液體而非固態藥物，它藉由濾掉冰塊

霍桑隔冰匙匙面有一圈彈簧，使用時覆蓋在杯口濾冰。

茱莉普隔冰匙匙面微凹 使用時插入調酒杯濾冰。

（固體）取得酒液（液體）的動作而得名。

1889年，林德利（Lindley）設計了一款有彈簧圈的隔冰匙申請專利，這彈簧圈不只能讓隔冰匙適用於不同大小的杯口，也大大提昇了阻隔效果。

三年後，威廉·萊特（William Wright）覺得彈簧圈不能拆卸清洗，使用後常常會卡到殘渣不太衛生，於是他設計了一款可拆卸彈簧圈的隔冰匙，並在匙柄加上數段凹槽，更有效的扣住調酒杯止滑。後人再將這種隔冰匙加以改良，濾冰時不把隔冰匙插入調酒杯，而是直接覆蓋在杯口，為了避免隔冰匙陷入調酒杯，匙面上多了爪子（雙耳）的設計，稱為霍桑隔冰匙。

那它為什麼不叫威廉隔冰匙？為什麼不叫萊特隔冰匙？到底是在霍個什麼桑？這個謎題直到前幾年才被解開。有位雞尾酒考古學者在古董商找到一隻祖公級的霍桑隔冰匙，匙柄有一串模糊的神秘文字，仔細一看居然是個地址！

循線找到地址後，他們從舊報紙的廣告發現，當時這裡是一間名為霍桑的酒吧，終於……一切的謎題都解開了！（金田一手勢）萊特把他的專利賣給了霍桑酒吧~~可能是因為欠太多酒錢還不出來~~，這種新式隔冰匙就以霍桑為名流傳至今。

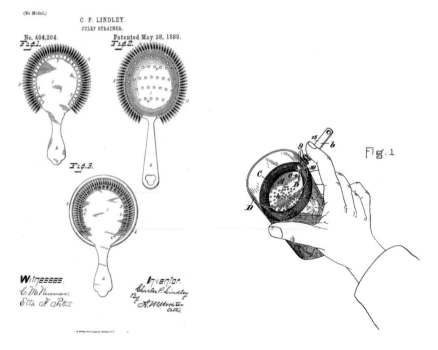

林德利申請專利的隔冰匙。　　　　　　　　　威廉·萊特申請專利的隔冰匙。

Moscow Mule

莫斯科騾子

牛牽到北京還是牛，但騾子牽到莫斯科可就厲害了，

莫斯科騾子這杯雞尾酒界的撒尿牛丸，當初究竟是在什麼樣的機緣下誕生，

讓我們繼～續～看～下～去～

INGREDIENTS

· 60ml 伏特加
· 15ml 檸檬汁
· 適量 薑汁汽水

STEP BY STEP

1　銅馬克杯裝滿冰塊，倒入伏特加與檸檬汁。
2　補滿薑汁汽水稍加攪拌，以檸檬片作為裝飾。

TASTE ANALYSIS

| 酸甜 | 氣泡 | 薑 | 微辛 |

中酒精度

銅馬克杯

直調法

　　莫斯科騾子屬於**霸克（Buck）**調酒的一種，Buck的原意是公鹿，也指有蹄動物的踢擊，意思是喝完這杯酒，很像頭部被重重踢擊。霸克調酒的材料包括**烈酒、薑汁汽水與酸味果汁**，其中以伏特加為基酒的莫斯科騾子最為知名，它也是讓美國人認識伏特加這種基酒的指標性雞尾酒。

　　莫斯科騾子誕生的故事很戲劇性：有個酒商煩惱伏特加銷售量不佳、有個餐廳老闆想推銷自家的薑汁啤酒、有個賣銅馬克杯的業務為了龐大的庫存擔憂……某個晚上他們聚在一起討論彼此的煩惱，其中一人突然一休上身……大叫：「乾脆把它們調成一杯酒來賣不就得了！」

　　那這杯以撒尿牛丸為概念的雞尾酒要叫什麼名字？既然伏特加產於俄羅斯，騾子也是Buck的一員，就叫它莫斯科騾子吧！結果這杯酒還真的大賣，一次解決三個人的問題皆大歡喜～

這個故事中有兩個人是真實存在的：一位是擁有斯美洛夫（Smirnoff）伏特加酒廠的約翰·馬丁（John Martin）；另一位是好萊塢知名餐廳──雞與牛（Cock 'n' Bull）的老闆傑克·摩根（Jack Morgan）。

1933年禁酒令結束，俄國人魯道夫·庫尼特（Rudolph Kunett）買下斯美洛夫的商標權在北美設廠販售伏特加，原本他以為這種故鄉的好東西一定可以大賣特賣，但那時候大部分的美國人其實不知道伏特加是什麼，只知道它好像是一種來自俄羅斯的飲料，無色無味（對醉漢來說酒味不算味）實在很不吸引人，到了1939年酒廠不堪虧損，面臨倒閉。

此時馬丁一個霸氣，花了一萬四千美元將斯美洛夫買下，大家都覺得他起肖了根本是在浪費錢……沒想到馬丁出了奇招，先將斯美洛夫的酒名改為白色威士忌（White Whiskey），再將瓶蓋換成威士忌酒瓶用的軟木塞，此舉居然讓銷售量直線上升，美國醉漢的邏輯真令人猜不透R～

1941年他找了經營餐廳的摩根合作，伏特加套薑汁啤酒，再擠個檸檬角居然能如此美味，怎麼能不好好推廣呢？

斯美洛夫早期的廣告
推薦消費者以斯美洛夫伏特加套 7-up、萊姆角再搭配銅杯飲用。

等一下……所以我說那個~~薑汁~~銅杯呢？

2007年，有兩篇關於莫斯科驢子的考古文章發表：第一篇認為關鍵第三人不是什麼賣銅杯的，根本就是那個從老闆~~變打工仔~~總裁的庫尼特，這杯酒一開始也沒有用銅杯的文字記載，是6～7年後才出現用銅杯的喝法。

第二篇故事就更靠杯了，馬丁跟摩根只是去酒吧喇賽講幹話，真正的發明人是摩根店裡的首席調酒師——韋斯‧普萊斯（Wes Price），而莫斯科驢子的創作理念居然是**為！了！清！垃！圾！**因為地下室堆了太多用不到的垃圾（薑汁啤酒與伏特加），普萊斯想乾脆套來喝，當作是資源回收再利用，沒想到第一個喝到這杯資源回收酒的客人，居然是奧斯卡影帝——布羅德里克‧克勞福德（Broderick Crawford）！

雖然馬丁可能不是莫斯科驢子的創作者，但用銅杯裝酒的喝法確實要歸功於他超特殊的行銷方式。第二次世界大戰結束後，他買了當時最新ㄉ高科技產品——拍立得相機（年紀太輕的朋友快去Google），跑了很多間知名酒吧推廣莫斯科驢子。一開始馬丁發現很多調酒師連試都不願意試，於是他告訴調酒師，如果你願意試，酒、銅杯、薑汁啤酒都我出，而且再加碼送你一張拍立得照片！（電視購物語氣）

馬丁在調酒師拿著銅馬克杯時拍下兩張照片，一張送給調酒師放在店裡宣傳或帶回家留念，另一張他就收集起來、越收越多，一到新的酒吧就拿出來秀，營造出莫斯科驢子已經風靡全美的感覺：「你這麼荣沒聽過莫斯科驢子嗎，這個相簿看一看先，懂？」

調酒師看完相簿都驚呆ㄌ！趕快配合拍照，不管他們喝的是什麼都給我來一杯，這種行銷奇招根本是把七十年前的拍立得當Instagram在玩，不但讓斯美洛夫伏特加賣到飛起來又翻過去，也成功的讓伏特加在美國市場奠定地位，後來居上打趴各大基酒，成為調酒最常用到的No.1。

薑汁汽水／啤酒

太陽餅裡面沒有太陽就算了，為什麼薑汁啤酒裡面居然沒有酒精？酒譜中 Ginger Ale 與 Ginger Beer 為什麼都是用汽水調的！？（醉漢怒翻桌）

19世紀中期，英國與愛爾蘭的鄉民在釀酒時摻入生薑，製作出最早的薑汁啤酒（Ginger Beer），它不僅有酒精，酒精濃度甚至高達10％以上！一段時間後它從紐約登陸，酸甜中帶點辛辣的口感相當特別，很快就在美國與加拿大流行。

關於無酒精薑汁啤酒的起源有很多說法，美國醫生托馬斯·坎特雷爾（Thomas Cantrell）宣稱，他在北愛爾蘭的貝爾法斯特發明了無酒精的薑汁啤酒，

Ale 指的是採上層發酵製作的啤酒，有別於採底層發酵的 Lager 啤酒，Ginger Ale 不含酒精卻以 Ale 稱之。

並在當地生產、裝瓶與出售，瓶身標示了 "The Original Makers of Ginger Ale" 字樣，是一個先寫先贏的概念，人家說「賣冰卡贏做醫生」，這個美國醫生很會捏。

這種無酒精的薑汁啤酒稱為 Golden Ginger Ale，它的顏色很深、口感偏甜且薑味很重。1904年，一位原本經營蘇打水廠的藥劑師兼化學家——約翰·麥勞夫林（John McLaughlin），改變配方做出 Pale Dry Ginger Ale，有別於 Golden 風格，Pale Dry 的口感清爽、色澤透亮甜度也較低，逐漸取代 Golden 成為市場主流。

美國禁酒令期間薑汁汽水成為醉漢救星，它的辛香可以掩蓋私酒不佳的氣味，調出來的酒也不容易聞出酒味，喝到一半如果有 FBI 破門攻堅，就鎮定的講個冷笑話：「對，我在喝啤酒，薑汁啤酒。」看能不能凹過去……

雖然酒譜出現 Ginger Ale 或 Ginger Beer 都可以直接用薑汁汽水調製，但市面上還是有一些含酒精成份的薑汁啤酒，喝起來香辣帶勁非常適合重口味的醉漢，薑汁汽水也有一些走大辣路線的品牌，如果很 Fan 這味可以多找找。

Bloody Mary

血腥瑪麗

血腥瑪麗這杯酒名字聽起來很恐怖，
但它其實就是杯健康的蔬果汁不小心加了一點伏特加，
即使當早餐喝也不會被阿母發現你一早就開始酗酒，
是一杯相當適合醉漢晨飲的U質雞尾酒。

INGREDIENTS

· 45ml 伏特加
· 15ml 檸檬汁
· 25ml 純糖漿
· 120ml 番茄汁（註）
· 適量 梅林辣醬油
· 適量 塔巴斯科辣椒醬
· 適量 現磨黑胡椒（或胡椒鹽）

STEP BY STEP

1　取兩個調酒杯，其中一個放半滿的冰塊，倒入所有材料，覆蓋上隔冰匙。

2　左右手分別拿一個調酒杯，將有內容物的那杯濾水倒入空的那杯。

3　將隔冰匙打開，將酒液倒回有冰塊的調酒杯。

4　重複上述動作4～5次後濾掉冰塊，將酒液倒入裝滿冰塊的可林杯。

5　以西洋芹作為裝飾。

TASTE ANALYSIS

| 酸甜 | 鹹 | 辣 | 微辛 |

中低酒精度　　可林杯　　滾動法

※此酒譜預設使用無鹽無糖、100％濃縮還原的罐裝番茄汁，若使用甜度高的罐裝番茄汁，就不用另外加純糖漿。

英王亨利八世為求一子繼承王位，歷經六段婚姻鬧的轟轟烈烈震驚國際，離婚離到可以拍電影──美人心機（The Other Boleyn Girl），這不是英王根本是離婚王來著。

第一段婚姻的凱薩琳皇后為亨利八世生下的孩子全都早夭，只有瑪麗一個女兒存活下來長大成人，沒想到在瑪麗十七歲那年，阿爸為了生兒子跑去推女僕，這一推女僕懷孕直接原地升級變新皇后，也成為瑪莉的繼母。繼母安妮對瑪麗虐好虐滿，讓她從公主被貶為私生女，不給她錢、生病也不讓她看醫生，過著比宮廷僕役更糟的生活。

不僅如此，瑪麗還被安排去當安妮皇后女兒的女僕（與她同父異母的伊麗莎白公主）；安妮皇后先從小三變正宮，再讓前妻的女兒當自己女兒的僕人，還一直教唆亨利八世殺掉瑪麗，瑪麗就在如此險惡的環境中長大成人，為她日後心狠手辣、殘忍嗜殺的行徑埋下伏筆。

1536年，亨利八世一路走來始終如一，又跑去推皇后的女僕——珍，推完還構陷罪名，將安妮皇后斬首，原本依照順位可以準備登基的瑪麗，隔年因為新皇后珍產下一子愛德華，女王夢就這麼碎了。

愛德華登基時只有九歲，實權掌握在信奉新教的攝政王諾森伯蘭公爵手中，十五歲那年愛德華結核病命危，因為擔心法理上順位繼承的瑪麗會復辟天主教，臨死前找了也是信奉新教的表親珍・葛雷（Jane Grey）插隊來當女王。

新女王就任後瑪麗開始被追殺，她一邊逃亡一邊集結支持者，受到阿母凱薩琳皇后良好的形象庇蔭，許多人基於同情轉而支持瑪麗，樞密院也在此時倒戈，讓瑪麗的軍隊一路開進倫敦，登基成為英國女王。

正所謂十年磨一劍，三十七歲才稱王的瑪麗磨了兩劍，回想這些年來被新教徒迫害、還有在繼母虐待下成長的悲慘人生，一登基當然要報仇雪恨，只要抓到新教徒領袖就是綁起來燒！毀！（美江語氣）這一燒燒四年、燒死近三百人，讓她獲得了「血腥瑪麗」的稱號。

瑪麗一世

血腥瑪麗是一個公主復仇記的故事，以她為名的雞尾酒又有什麼故事呢？

還記得介紹白色佳人提到的調酒師麥克馮嗎？他也是禁酒令時期從美國出走的優秀調酒師之一，他先在倫敦工作，後來轉到巴黎的紐約酒吧（New York Bar）任職，1923年，他從老闆手中買下酒吧，並更名為Harry's New York Bar，這間店不僅誕生了白色佳人，還是血腥瑪麗的發源地。

話說在世紀交替的1900年，有位名為弗南德‧佩堤耶（Fernand Petiot）、被暱稱為皮特（Pete）的傳奇調酒師誕生了，他16歲那年進到紐約酒吧打工，當時適逢俄國革命，許多從俄羅斯逃難的人將故鄉的伏特加引進歐洲，這種新的、無色無味的基酒要推廣真的很難，但是皮特眼光卓絕，似乎已經預見了這種酒的偉大時代即將誕生。

皮特將伏特加混合番茄汁調出大受歡迎的血腥瑪麗，由於哈利的酒吧是美國醉漢到巴黎必定造訪的聖地，這杯酒一次擄獲了法國、美國與俄國人的心，成為最早以伏特加為基酒的經典雞尾酒之一。

禁酒令結束翌年，皮特進入紐約聖瑞吉酒店（St. Regis Hotel）的科爾王酒吧（King Cole Bar）工作，據說他原本想在這裡推廣血腥瑪麗，但科爾王是紐約最高級的酒吧，這個名字實在難登大雅，皮特只好將它改名為紅鯛魚（Red Snapper），而且當時伏特加在美國實在太冷門，基酒也被迫換成琴酒。

巴黎的哈利紐約酒吧認為皮特師承此處，血腥瑪麗的發源地應該歸於他們，但科爾王酒吧不這麼認為，因為最早的血腥瑪麗除了伏特加與番茄汁之外並沒有其他調味料，而且它在紐約初登場時其實沒有很受歡迎……

那麼現在流傳於世的血腥瑪麗酒譜是怎麼來的呢？

1934年的某一天，俄羅斯王子造訪科爾王酒吧，他看著紅鯛魚覺得很謀FU沒啥特別，和番茄汁有87％像，於是要求皮特能幫他做得口味重一點，皮特靈光一閃，加入鹽、黑胡椒、辣椒、辣醬油、檸檬汁……每次看到這個故事我都在想，這種黑暗料理界的調酒會不會其實是因為皮特聽不懂俄文，然後王子要求東、要求西，要求到他起堵爛一怒之下就在飲料裡面「加料」報仇這樣？

弗南德・堤耶

科爾王酒吧

紐約的King Cole Bar至今仍持續營業，最大的特色是佔據整個酒吧正面牆面、由知名畫家麥克斯菲爾德・派黎斯（Maxfield Parrish）創作的壁畫，不僅是知名的旅遊景點，也是許多電影最喜歡取景的紐約酒吧，照片由Adam Jones所攝。

以前的雞尾酒不是苦就是甜，不然就是酸酸甜甜，皮特這樣一個加，史上第一杯又酸又甜又鹹又辣的雞尾酒就這樣誕生了，不只材料超多超澎派，而且還很好喝哩！原本不喝伏特加的紐約客喝到這杯酒全部都驚呆ㄌ！1940年代這杯酒終於被正名爲Bloody Mary，而用琴酒爲基酒的版本就稱爲Red Snapper。

血腥瑪麗就這樣踏入經典雞尾酒殿堂，與莫斯科騾子聯手打下伏特加在美國市場的江山……說到莫斯科騾子，是不是想到斯美洛夫伏特加呢？是的沒有錯～關於血腥瑪麗起源的第二種說法，正與斯美洛夫伏特加有關！

活躍於1940年代的演員喬治・傑西爾（George Jessel）在自傳中提及自己是血腥瑪麗的發明者，創作時間是1927年（咦可能要報警了）、地點是佛羅里達州的棕櫚灘。

在一個嚴重宿醉的早晨，喬治吩咐調酒師幫他調一杯解宿醉的酒，沒想到這杯特調讓現場所有人都驚呆ㄌ！此時剛好有位名爲Mary的女性穿著白衣經過，喬治就請她一起試喝……

可能是因爲太過興奮，一個不小心酒就潑灑出來倒在Mary身上，於是她說：「現在你可以叫我血腥瑪麗了！」（Now, you can call me Bloody Mary, George！）

還記得讓斯美洛夫伏特加起死回生的馬丁嗎？1950年代，他請喬治擔任代言人，廣告海報第一句就嗆明：「我，喬治・傑西爾，發明了血腥瑪麗。」不只如此，還強調這杯酒一定Ipad斯美洛夫！

皮特在1964年接受紐約客雜誌（The New Yorker）專訪時，還特別尻一下喬治的業配文，大意是說：喬治的血腥瑪麗只是用番茄汁當軟性飲料的Highball而已，跟我這種蔚爲經典的調法比起來算哪根毛？

與其爭論誰是血腥瑪麗的原創者，不妨思考番茄汁在飲料史上的發展脈絡。番茄汁開始普及於飲品市場約莫是1917年，印第安納州的溫泉飯店有位名爲路易斯・佩蘭（Louis Perrin）的廚師，因爲柳橙汁用完了急需替代品，就將番茄榨汁混合糖與各種調味料上桌，是最早將番茄汁當飲料的起源。

說到這就想到台灣很流行一種源自南部的番茄吃法：搭配混合醬油膏、薑泥、糖粉與甘草粉製作的醬料吃，這種醬料鹹中帶甜又微辛，與番茄偏酸的口感簡直是天作之合！或許番茄的宿命跟紅拂女一樣不能獨吃，佩蘭的加料番茄汁很快就透過遊客流行起來，幾年後罐裝的番茄汁也隨之誕生。

禁酒令期間，高級餐廳開始流行一種名爲番茄汁雞尾酒（Tomato Juice Cocktail）的飲料，製作方式是混合番茄汁、檸檬汁、鹽與辣醬，雖然名爲雞尾酒但材料沒有酒精（誰知道呢），健康的蔬果形象很受當時的上流社會歡迎……既然不能公然喝酒，點杯番茄汁雞尾酒總是聊勝於無吧？

或許眞相就是一連串的巧合，血腥瑪麗誕生的1934年，番茄汁雞尾酒早已流行許久，皮特很有可能撿了一個尾刀——天時（禁酒令結束翌年）、地利（紐約最強酒吧）、人和（國際知名調酒師）；他將原本的酒譜融合在地的番茄汁雞尾酒，創作出這杯不朽的傳世經典。

血腥瑪麗除了口感特殊，還是一杯史上裝飾品最豐富、什麼都有什麼都不奇怪的雞尾酒！雖然它最常見的裝飾物是西洋芹梗，但搭配西洋芹其實是1970年代後才出現的，最早的血腥瑪麗沒啥裝飾物，它的誕生地科爾王酒吧至今仍維持傳統，僅以檸檬角掛在杯緣。

從西洋芹演變到今天，血腥瑪麗已經發展出超多令人意想不到的「裝飾物」：橄欖、洋蔥、蘆筍、紅蘿蔔、青椒、黃瓜……這些只能算是基本款！起司、蝦子、章魚、生蠔、培根、貝類、蟹肉、火腿、熱狗……還沒還沒這些都還未夠班，你看過一杯酒上面有漢堡、有肋排，甚至還有披薩的嗎？想知道還有哪些創意，就以"bloody mary garnish"爲關鍵字搜尋圖片看看吧！

有些美式餐廳會將食材與調味料以沙拉吧的形式呈現，這種酒爲輔餐爲主的喝（吃）法稱之爲"Bloody Mary bar"，客人可依喜好DIY幫血腥瑪麗加料；如果想在假日來個不一樣的早午餐，在家辦個血腥瑪麗趴是個不錯的選擇，大白天就開始喝酒潮～爽～der～

傑希爾代言斯美洛夫伏特加的廣告

滾動法‧Roll

　　調酒除了基本的四大技法，還有一種名為滾動（Roll）的調製法，它的調製動作就像拉茶：讓液體在兩個杯子中來回，再搭配一些花式動作進行表演，「拉」的目的是為了混合材料以及散熱，並藉由碰撞製作出綿密的泡沫。

　　調酒的滾動法效果介於搖盪法與攪拌法之間，重點在空氣。透過劇烈搖盪可以讓空氣大量進入酒液，口感會顯得輕盈蓬鬆；透過攪拌空氣不容易進入酒液，迅速的將材料均勻冷卻並控制水分釋出，才能保留扎實銳利的酒體，如果希望酒液可以適當的接觸空氣又不是那麼劇烈，不妨試著改以滾動法調製。

　　最簡單的滾動法只要拿兩個杯子交互倒入冰塊與材料，杯口可以靠著杯口倒酒，幾乎不會失敗。

　　可是……我好想帥一點有沒有辦法？有，當然有，但要稍微練習一下！

　　準備兩個調酒杯（以下簡稱A杯與B杯）與一隻茉莉普隔冰匙，A杯裝入半滿冰塊後將材料倒入、插入隔冰匙。

❶ 建議以非慣用手持A杯、慣用手持B杯，舉至略高於頭部，將A杯杯口斜靠在B杯杯口，準備將材料倒入。（圖1）

❷ 當A杯倒出酒B杯開始慢慢往下移動，維持A杯不動、注視酒液落下的弧線與B杯杯口，就像不要尿到馬桶蓋那樣，確實的讓酒液進到B杯。（圖2-圖3）

❸ 感覺A杯準備要倒完時，將A杯往下、B杯往上移動（期間不要讓酒液中斷），讓兩杯約略於胸口前方輕輕敲擊。（圖4）

❹ 將B杯的酒倒回A杯。（圖5-圖6）

❺ 將雙手舉高恢復步驟1的姿勢，重複相同的動作4～5次後，將酒液濾冰倒出。（圖7）

1

2

3

4

5

6

7

Long Island Iced Tea

長島冰茶

沒吃過豬肉也看過豬走路，沒上過夜店也一定聽過長島冰茶，

長島冰茶不是茶，如果當茶喝很快就會變尸體，

這杯在台灣的酒吧與夜店擁有極高知名度的調酒，

為什麼會被人戲稱為「常倒」冰茶呢？

INGREDIENTS

- 15ml 伏特加
- 15ml 琴酒
- 15ml 龍舌蘭
- 15ml 蘭姆酒
- 20ml 檸檬汁
- 15ml 純糖漿
- 1tsp 君度橙酒
- 適量 可口可樂

STEP BY STEP

1. 將可口可樂以外的材料倒進雪克杯，加滿冰塊後搖盪均勻。
2. 濾冰將酒液倒入已裝八分滿冰塊的厚底長飲杯，補滿可口可樂。
3. 稍加攪拌，以檸檬角作為裝飾。

TASTE ANALYSIS

| 酸甜 | 氣泡 | 柑橘 |

中高酒精度　颶風杯／厚底長飲杯　搖盪法

　　長島冰茶的起源有兩種說法：一說認為它的創作者是羅伯特・巴特（Robert Butt）；巴特1970年代在紐約長島的橡樹海灘俱樂部（Oak Beach Inn）工作，有個晚上店裡舉辦了一場創意雞尾酒比賽，規定參賽者的酒譜要有白橙皮酒（Triple Sec）這項材料，他就用四種烈酒加酸甜汁、再補一點可樂調色，創作出這杯大受歡迎的長島冰茶……他前幾年還有接受專訪，Youtube搜尋就可以觀看本人現身說法。

　　另一說認為長島冰茶起源於1920年代的禁酒令時期，誕生地是美國田納西州金斯波特市（Kingsport）的長島地區，創作者是老畢肖普（Old Man Bishop），點這杯名字是茶、看起來像茶喝起來也像茶的飲料，剛好可以用來唬爛查緝員：「喝茶錯了嗎？喝～茶～真～的～錯～了～嗎？」（挺胸）

老畢肖普的長島冰茶有什麼不同？最主要的差異是第五種酒：巴特用的是白橙皮酒，老畢肖普用的是威士忌，再以楓糖漿提供甜味。不過這個故事的眞實性相當令人存疑……禁酒令期間美國本土哪來的伏特加與龍舌蘭？它們都是在禁酒令結束後才正式引進美國的烈酒……而且當時有酒喝就不錯了，怎麼會有那個美國時間去湊到五種酒調製一杯雞尾酒呢？

厲害的、調製得宜的原始酒譜長島冰茶，不只顏色像茶，喝起來還眞的會有檸檬紅茶的味道，雖然酒下的很重，在台灣的夜店與酒吧還是很受歡迎，就算是不喝酒的人可能也聽過或看過，因爲它實在是太有名啦！

關於長島冰茶的鄉野奇談有很多，像是喝了會常倒、混酒喝容易醉、女生喝這個會被撿ㄕ之類的……不要再相信沒有根據的說法了！其實酒只要喝多了都會倒好嗎？（怒戳太陽穴），想失身的話即使喝牛奶也可以失身的，懂？喝長島冰茶容易倒其實是因爲它～太～大～杯～了～有些店家的基酒還直接各下一盎司，或是酸甜放重一點壓酒味，客人覺得順口一不小心喝得稍快就安心上路ㄌ……

另一種常倒型的做法是將基酒替換爲高酒精度的烈酒，例如將伏特加換成生命之水、將蘭姆酒換成百加得151蘭姆酒（酒精濃度75.5％）等作法，這些都會讓成品的酒精濃度提高許多。

還有一種更恐怖的喝法稱爲「**分解式長島冰茶**」，先準備七個烈酒杯與一罐可口可樂，烈酒杯分別倒滿伏特加、琴酒、龍舌蘭、蘭姆酒、君度橙酒、檸檬汁與糖漿。接著參賽者登場，在指定時間內尻完七個SHOT後，跳一跳進行一個人體雪克杯的動作，再快速喝完整罐可樂。

根據經驗……如果不是叔叔有練過，通常會在喝可樂的時候把剛剛喝進去的東西一起噴出來，就算沒有逆噴，也會因爲短時間內攝取大量酒精進入飛航模式變成尸體，相當不可取呀～不可取～（數來寶拍響板）

四大基酒（伏特加、琴酒、蘭姆酒與龍舌蘭）以及君度橙酒，是最推薦初學者先入手的五瓶酒，因爲四大基酒分別搭配君度橙酒與酸甜都有經典調酒（巴拉萊卡、白色佳人、X.Y.Z.與瑪格麗特），全部摻在一起就是長島冰茶！

推薦先以本酒譜試調長島冰茶，再依喜好酌量調整各項材料，像是味道特別突出的龍舌蘭用量減半、與可樂搭的蘭姆酒放多一點，覺得酒精感太強就酸甜下重一些……別怕！在家調酒不用擔心被撿尸，即使真的倒了，頂多被家裡的小黑小黃騎上去猥褻一下而已，超安全的啦！

長島冰茶二代 · Long Island Iced Tea · II

　　有一杯很神秘的調酒，很多資深調酒師會做、有些老酒客也知道它的厲害，但網路與書上都不容易找到酒譜，這杯誕生於20世紀末的傳奇雞尾酒，居然是台灣本土的原創調酒，你敢信？

　　它就是被稱爲長島冰茶二代的雞尾酒——90年代，台北神話酒吧發展出一系列的長島冰茶酒譜，其中最受歡迎的二代酒譜，靠著調酒師與酒客口耳相傳廣爲流傳，它的材料組合雖然讓人難以想像，成品味道卻相當令人驚豔值得一試，個中滋味就留給各位自己動手調調看、喝喝看啦！

INGREDIENTS

· 15ml 伏特加

· 15ml 金色龍舌蘭

· 15ml 調和式蘇格蘭威士忌

· 15ml 卡魯哇

· 15ml 不甜香艾酒

· 15ml 檸檬汁

· 15ml 純糖漿

STEP BY STEP

1　製作鹽口杯。

2　將所有材料倒進雪克杯，加入冰塊搖盪均勻。

3　濾掉冰塊，將酒液倒入已裝滿冰塊的鹽口古典杯。

4　以檸檬片作爲裝飾。

TASTE ANALYSIS

| ?? | ?? | ?? |

中高酒精度　　古典杯　　搖盪法

Champagne cocktail

香檳雞尾酒

說到慶祝就要開香檳，這跟中秋節一定要烤肉是一樣的道理，
雖然說香檳給人豪奢貴氣的印象，但它不甜的口感對很多人來說不太能接受，
這時不妨施點小魔法，調一杯老少咸宜、男女通吃的香檳雞尾酒吧！

INGREDIENTS

· 適量 香檳
· 1dash 原味苦精
· 1顆 方糖
· 檸檬皮捲

STEP BY STEP

1 香檳杯內放入一顆方糖，抖灑少許苦精於
  其上。
2 將已充分冰鎮的香檳注入杯中。
3 噴附檸檬皮油、投入皮捲作為裝飾。

TASTE ANALYSIS

| 藥草 | 氣泡 | 微甜 |

中酒精度

笛型香檳杯

直調法

　　沒喝過香檳的人對它總是有許多美好想像：新婚誌喜、升官發財、新居落成，總在重要節日或場合難得開上一瓶，來賓優雅的手持高腳杯啜飲著～男女合體前喝上一杯更是頂級的精神前戲，光是用想的就高潮ㄌ以莘優。

　　有些業者或店家會將一般的氣泡酒命名為香檳販售，或是用它們調製「香檳」雞尾酒，有些汽水果汁也會沾香檳的光吃些豆腐，像是大賣場可以找到一瓶69還買一送一的「葡萄香檳」或「水蜜桃香檳」，還有婚宴會場由新人手持、倒進香檳杯塔的不明液體，這些都自稱香檳你敢信？

　　雖然真的香檳貴鬆鬆、瓶子又美的不像話感覺很厲害，但對不喝酒或很少喝酒的人來說，第一次喝香檳印象可能不會太好……例如：「這什麼鬼怎麼那麼酸？」或是「我覺得它聞起來像壞掉的葡萄汁……」如果送朋友香檳聽到這種回應，請將剩下的香檳吹掉，然後拿空瓶從他頭上尻下去：「壞掉的葡萄汁？你才壞掉！你全家都壞掉！不識貨的東西，滾！」（手指門口）

好，以上純屬玩笑。因為大部分香檳的口感是不甜的，加上特殊的發酵味與酸度，口味遠不如甜味氣泡酒或調味氣泡酒這麼大眾化，如果開了香檳卻遇到喝不下去的朋友，就為他調製一杯香檳雞尾酒吧！

香檳雞尾酒起源於19世紀中期，由托馬斯首度將酒譜收錄於書中，有趣的是，他首版的酒譜居然是以搖盪法調製！可能是誤植或是根本沒想到，有二氧化碳的液體（氣泡酒或碳酸飲料）搖盪會爆炸呀～會爆炸～（數來寶語氣），後來修訂的版本就沒有再出現爆炸版的香檳雞尾酒酒譜了。

顧名思義，Champagne cocktail指的就是以Cocktail的方式調製香檳（請參考PART5-05），四大元素：酒（香檳）、糖（方糖）、苦（苦精）只有缺水（冰），但香檳不是烈酒，再摻水會有點稀迷，冰鎮就好啦！

方糖的甜柔和了口感、苦精的藥草讓香氣更加圓融，再配上一抹檸檬清香讓整體風味更加清爽，拿給那位剛剛喝過壞掉葡萄汁的朋友喝喝看，有沒有讓他嚇了好大一跳跳呢？

2005年，美國電影學會票選百大經典電影台詞，其中北非諜影（Casablanca）入選六句，成為最大贏家，其中"Here's looking at you, kid."更是榮登百大第五名，當男主角深情地對女主角說這句台詞時，兩人手上拿的就是香檳雞尾酒。

北非諜影劇照
男女主角在劇中啜飲香檳，講出經典台詞的一幕。

香檳雞尾酒不只好喝，虧妹或是灌醉純情少男也很好用，有人說香檳的氣泡是天上的星星一閃一閃亮晶晶，但這個星星（二氧化碳）會加速酒精吸收，空腹喝效果還會加成，星星吃多了不只不能無敵，等一下還會無能，如果要交作業千萬不要喝太多，躺著不能動超爛der。

或許有人會說香檳這種高級品不應該拿來調酒，但飲酒的體驗是很主觀的，貴的東西也不一定適合每個人，如果能讓更多人享受香檳的美好，用它調酒一點兒都不浪費，您說是嗎？

香檳 · Champange

香檳是氣泡酒的一種，但不是所有的氣泡酒都能稱爲香檳，唯有產於法國香檳區、符合法規製程的氣泡酒才能冠上香檳之名。香檳的起源是個美麗的錯誤，一瓶因爲二次發酵誕生的夢幻逸品。

釀酒，就是透過酵母菌分解原料中的糖份，進而產生二氧化碳與酒精（發酵），如果糖份分解完畢、或是環境條件讓酵母菌失去活力，發酵反應就隨之停止。17世紀時釀酒知識尚未成熟，葡萄酒裝瓶送往各地的路程中因爲氣候轉暖，原本在低溫狀態下「沉睡」的酵母菌恢復活力，如果酒液還有殘糖，就會在瓶內進行二次發酵。

發酵除了產生酒精，還有大量的二氧化碳，封瓶的葡萄酒就像霹靂星球一樣──爆～炸～了～位於法國北部相對寒冷的香檳區，當時就以盛產三星手機這種「爆炸酒」聞名。雖然危險，但人們發現爆炸酒其實還不錯喝！17世紀晚期，刻意讓成品有氣泡的葡萄酒成爲常態品項，並開始以地名──**香檳（Champagne）**命名這種酒。

19世紀初，香檳酒廠已經能精準測量殘糖量，讓二次發酵發的剛剛好，香檳不會動不動就爆炸，但二次發酵會產生沈澱的酵母殘渣影響口感，要怎麼解決這個問題呢？

傳統香檳製法稱爲**Méthode Champenoise**。首先，將第一次發酵的葡萄酒裝入瓶內，再添加酵母與酒廠的秘方，接著用類似啤酒瓶蓋的東西蓋住瓶口，再將酒瓶以斜倒的方式置於架上，酒廠工作人員需持續數周、緩慢的旋轉瓶身，讓發酵產生的沈澱物聚積到瓶頸（這個步驟稱爲Remuage）。

陳放結束後會將瓶頸急速冷卻、然後移除瓶蓋，此時因爲壓力作用沈澱物連同碎冰、酒液強力激噴（此步驟稱爲Degorgement），少掉的部份就用酒與添加物補滿（此步驟稱爲Dosage），最後迅速上軟木塞、束鐵環，避免過度流失二氧化碳，一瓶香檳就這麼誕生了！

初學者要如何挑選香檳呢？很簡單，因爲香檳規範很嚴格，只要產地是法國、酒標上又有Champagne字樣，基本上就不會買到「假香檳」，只要是香檳，味道都不會太差，就看合不合你的口味而已。

Brut是最常見的香檳甜度標示，它不是沒有糖，而是甜度低到喝不出來，加入少量糖只是爲了中和過酸的口感，因爲不甜香檳已是市場主流，有些品牌索性連Brut也不標示了！

世界上許多國家都有生產氣泡酒，只要是依循香檳傳統製程製作，就會在酒標標示Méthode Champenoise（Traditional Method）或是其他標榜古法的字樣，因爲它們……通常也比較貴！但與香檳相比價位還是和善許多，如果不想噴太多錢可以考慮從它們開始嘗試。

Remuage
斜插在木板上進行二次發酵的香檳瓶，
圖片由酩悅軒尼詩公司提供。

甜度標示可當成挑選氣泡酒的參考：Dry, Sec, Seco 是微甜或小甜；Demi-Sec,
Semi-seco 是中等甜度；Doux, Dolce, Dulce 則是甜到爆。甜度標示不是絕對值，而
是一個含糖量的範圍，所以不同品牌即使有相同的標示，喝起來甜度可能是不一樣
的。另一種很常聽到的粉紅香檳（Rosé）是什麼呢？除了白葡萄，它在釀造過程中會
加入紅葡萄酒進行二次發酵，除了酒液呈現粉紅色，風味也會帶有莓果香。

　　威士忌酒標的年數代表陳年時間，那香檳酒標的特定年份代表什麼呢？香檳分為
無年份香檳（Non-Vintage, 簡稱NV）以及年份香檳（Vintage）；前者是每年穩定量
產的基本款，是酒廠盡力維持風味一致的主力品項；後者只在葡萄品質極佳的年份才
會製作，只以該年的葡萄為原料突顯特色，而且陳年時間更長、風味也更佳，價格
不是很貴，就是超級貴～

香檳酒標的 Brut 標示

Méthode Champenoise 標示

粉紅香檳（Rosé）

Dolce 的甜度標示

如何開香檳？

　　很多人對開香檳的印象是運動賽事結束後，接受頒獎的選手拿著它搖一搖、啵的一聲開始對台上台下的人顏射，看起來雖然很High，但其實這是不正確、也是很浪費香檳的行為；符合禮儀的香檳開法不會發出巨響，過程中也不會流出任何酒液。

　　那噴香檳這個習俗是怎麼來的呢？話說賽車最早跟香檳一點兒關係也沒有，直到1950年，法國大獎賽在香檳區的蘭斯市附近舉行，剛好酩悅香檳（Moët & Chandon）酒廠的老闆是個賽車迷，比賽結束後送了一大瓶自家香檳給優勝者作為祝賀，香檳與賽車優勝開始產生連結。

　　1966年，喬·希弗爾特（Jo Siffert）贏得利曼24小時耐力賽冠軍，照例得到一瓶香檳作為慶祝，只是頒獎當天天氣太熱，香檳受不了壓力突然噴出軟木塞，噴泉般的香檳酒讓在場的所有人都嚇了好大一跳跳……這瓶香檳萬萬沒有想到（盛竹如語氣），它居然成為史上第一瓶在賽車場爆炸的香檳！

　　翌年，賽車手丹·葛尼（Dan Gurney）在同樣的賽事中獲勝，可能是覺得直接喝太無聊，像去年用噴的好像很好玩，於是他就搖晃酒瓶讓香檳噴出來！往後的冠軍有樣學樣，也用噴香檳的方式與大家分享喜悅，就這樣~~冠軍雙汁男~~一噴噴了五十年成為頒獎傳統。現在不只賽車噴香檳，各種運動賽事或慶祝場合也會噴香檳（但考量成本，很多都是噴汽水或便宜氣泡酒啦）。

但賽車手噴的香檳不用錢，我們還是慢慢開、細細的品飲香檳吧！如何優雅的開香檳？除了練習還是練習，但……即使是NV香檳一瓶也動輒一兩千，還沒練成開香檳之術前可能會先破產，先拿便宜的氣泡酒來練習吧！

❶ 取出冷卻後的氣泡酒（切勿搖晃），除去瓶口的鋁箔。

❷ 左手大拇指壓住瓶塞，右手將金屬蓋旋開取下。

❸ 持續壓住瓶塞，右手扶瓶底，將瓶身傾斜45度角，讓瓶內酒液形成最大表面積，減緩氣體噴出的壓力。

❹ 右手從瓶底緩緩旋轉瓶身，左手壓住瓶塞握緊瓶頸，輕輕鬆動、拔出瓶塞。

❺ 感覺瓶塞即將噴出前，左手更用力壓住瓶塞，然後稍稍翹起瓶塞，讓氣體從瓶口的一角釋出，發出「次」一聲急促的氣體排出音之後，即可將瓶塞完全拔出。

用放屁比喻開香檳雖然不衛生但很貼切——如果在正坐的狀態下用力放屁，透過股縫會出現巨大聲響，所以技巧是微微側坐懸空一邊放屁這樣只會出現氣音。香檳開失敗會聽到「啵！」一大聲，開成功會聽到「嘶～」的一下，文雅點這不是偷放屁，這是少女的嘆息。

舉杯！"Here's looking at you, kid."

Absinthe Frappé

苦艾酒芙萊蓓

初次嘗試苦艾酒，可能會被它超甜、酒精濃度超高、
藥草味超重的三超口感嚇到好大一跳跳，究竟苦艾酒要怎麼調、怎麼喝，
即使是入門者也能輕鬆享受？來～
介紹你這味好喝又好調的──苦艾酒芙萊蓓！

INGREDIENTS

· 60ml 苦艾酒
· 1tsp 純糖漿
· 2dash 裴喬氏苦精
· 適量 蘇打水

STEP BY STEP

1　杯中倒入半滿碎冰，再倒入苦艾酒與糖
　　漿，稍加攪拌。

2　補滿碎冰，倒入蘇打水至滿杯。

3　以吧匙拉提讓材料均勻混合，抖灑少許苦精。

4　噴附檸檬皮油、投入皮捲作為裝飾。

TASTE ANALYSIS

| 甜 | 氣泡 | 藥草 |

中高酒精度　　　　長飲杯　　　　直調法

　　第一次喝到苦艾酒的人，最常見的評語就是「藥草味好重」、「好像在嗑瓜子」、「聞到滷豬腳」、「有撒隆巴斯的味道」、「這是漱口水嗎」……其實用於製作苦艾酒的藥材有很多種，有這些感受都很正常。

　　以苦艾酒為基酒的調酒並不多，通常只用少量點綴而非本體，很多酒吧是拿它當「大規模毀滅性武器」：藉由高酒精濃度的特性出特調給壽星，或是用它當漸層酒綠色的部份……不然就是當遊戲的懲罰尻SHOT，但苦艾酒還是不要純尻比較好，這樣很容易食道灼傷或是一秒變尸體，喝到變人體噴泉相當不可取啊～不可取～（敲響板）

　　這種接受度不高、調酒用量又少的酒到底該怎麼喝怎麼用呢？最常見也最簡單的苦艾酒喝法大家可能有在電影裡看過：酒杯裡裝著綠色的液體，杯口放一隻有洞的匙子上面擺一顆方糖，接著用一個高腳的壺具緩緩將冰水滴在方糖上，讓糖與水從匙洞落入杯中，最後將酒匙插到杯子裡，將糖、水與酒攪拌均勻後飲用。

建議酒：水的比例抓1：4左右，視苦艾酒本身的酒精濃度調整冰水量，調整到20％的酒精濃度是最好喝的狀態，既不會過度稀釋失去苦艾酒的風味，口感也相當適飲，即使是少男、少女、讀書人也不會覺得酒辣辣～

蝦咪？你說身為一個重型醉漢，加水喝這種行為如果傳出去還要給人探聽嗎？好，要MAN對吧？請參考強尼·戴普在電影**開膛手傑克（From Hell）**的喝法：杯子不要裝東西，直接將苦艾酒倒在方糖上流到杯裡，然後點火燒方糖，等杯中的酒液與方糖燒到快焦之前，將匙插入杯中攪拌均勻，直～接～喝～

想在家裡來一發波希米亞要小心火燭，因為苦艾酒酒精濃度高，像電影這樣燒，會像酒精燈一樣燒燒燒不停（老師進愛愛愛不完音樂～謝謝），等燒完再去摸那根苦艾酒匙一定會燙傷，而且方糖還會燒到糖灰搭！比較安全的喝法是點火後讓火燒一會兒，欣賞一下就從上方倒入大量冰水滅火，接著就攪一攪喝掉吧～

苦艾酒法式喝法

冰滴壺能以極慢、滴漏的速度將冰水滴在方糖上，當水一滴一滴的從匙洞落入杯中，苦艾酒特殊的乳化效果會讓液體逐漸變色，就像做化學實驗的滴定反應，是法式喝法最大的樂趣。

苦艾酒波希米亞式喝法

點火後滴落的酒液會讓酒杯內的苦艾酒也開始燃燒，當方糖內的酒液快要燒完時就要倒入冰水，不然方糖會燒焦。

飲用苦艾酒的金屬匙。

　　如果套冰水喝還是喝不下去，那麼你手中這瓶苦艾酒的命運只剩下三條路可走：第一種是拿去刷馬桶，第二種是用來招待交情不太好的朋友，第三種……就是調製苦艾酒芙萊蓓！

　　苦艾酒芙萊蓓用到大量的碎冰與蘇打水，會讓苦艾酒瞬間產生乳化效果（註），因為碎冰與蘇打水本質都是水，即使酒精濃度降低也不會影響苦艾酒的風味，雖然說自古忠孝難兩全，但是苦艾酒芙萊蓓不會，既能品嚐原汁原味，也能迎合大眾口味，忠孝仁愛信義和平一次到位，好酒，不喝嗎？

　　細看苦艾酒芙萊蓓的酒譜，會發現它也是一杯符合Cocktail古典定義的飲品──（苦艾）酒、糖（漿）、苦（精）、（蘇打）水，只是呈現方式很紐奧良風：法國苦艾酒結合克里奧風格苦精──裴喬氏，以及當時正興起的蘇打水調飲。

　　紐奧良（New Orleans）一名源於法國城市──奧爾良（Orléans），它歷經了法國與西班牙的殖民統治，還有來自加勒比海的黑人與北方的美國移民，這個文化大熔爐不僅誕生了爵士樂與烤雞翅，許多經典雞尾酒也是發源於此。

位於密西西比河畔、發展最早的紐奧良法國區（French Quarter）是觀光客最常造訪的地點，這裡有無數間餐廳、酒吧與餐酒館，其中有幾間調出經典雞尾酒的百年老店，**老苦艾酒之屋（Old Absinthe House）**就是其中一間。

老苦艾酒之屋建立於1807年，最早是一間進口法國苦艾酒的貿易公司，它不只是苦艾酒芙萊蓓的誕生地，兩百年前這裡還有一場影響美國歷史的關鍵密會！

1812年戰爭（又稱為美國第二次獨立戰爭）末期，當時還沒當上美國第七任總統的安德魯‧傑克森（Andrew Jackson）率領美軍與英軍作戰，在最後一場關鍵戰役——紐奧良之役前夕，面對訓練精良、兵力又相當懸殊的對手，傑克森該怎麼辦呢？

話說，當時有位在墨西哥灣走私兼打劫的海盜頭子——尚‧拉菲特（Jean Lafitte），因為地緣關係成為英軍亟欲拉攏的對象，威脅兼利誘希望他從海上攻擊美國，拉菲特招指一算覺得美軍應該會贏，於是反過來 All in 美軍，自願幫忙打英軍，但條件是要赦免他們海盜弟兄的罪行，沒想到美軍不買帳就算了，1814年9月還出兵打爆了拉菲特的老巢，拉菲特只好開始跑路……（這一段請搭神鬼奇航的配樂）

當傑克森在12月抵達紐奧良的時候，他的軍隊只有一小部分是正規軍，其他則是由自願參戰的路人甲、各州民兵、自由身的黑人與原住民所組成，這還不是最慘的，他們要打海戰，可是我說那個戰艦呢？（劉昂星語氣）

紐奧良的港邊只剩下拉菲特海盜團被扣留的船隻……有船、有砲、有火藥，就是沒有擅長海戰砲戰的水手，傑克森搧著海風心想這樣不行，於是就約了拉菲特到老苦艾酒之屋的二樓~~玩苦艾酒~~密會。

兩人見面時，傑克森希望拉菲特的Ｕ質砲手能幫忙防衛紐奧良，但這群海盜才剛被美軍屍爆，怎麼可能爲了傑克森賣命呢？於是傑克森答應拉菲特，只要是願意加入紐奧良防衛隊的海盜，全部特赦！

拉菲特登高一呼，正在跑路的海盜弟兄們紛紛加入民兵，還組成超強的砲兵團在紐奧良之役中立下大功，當年戰鬥最激烈的地方，就以拉菲特的名字成立國家歷史公園與保護區紀念這段歷史，傑克森也因爲這場奇蹟般的獲勝成爲民族英雄，幾年後被美國民衆送進總統府～（鳴汽笛喇叭）

身爲一個職業的醉漢，如果有機會到紐奧良法國區旅遊，一定要安排行程到老苦艾酒之屋點一杯苦艾酒芙萊蓓ㄏㄏ看……兩百年前有個準美國總統與海盜頭子就在這裡~~喊芭樂拳~~商討救國大計，是不是讓這杯酒喝起來更有樂趣呢？

※苦艾酒加入大量的水會讓成份中水溶性較差的原料產生混濁、白霧狀的變化，原本綠綠的液體一秒變可爾必思。相較於直接飲用的強烈風味，乳化後的苦艾酒香氣柔和刺激性低，還有一點點的乳脂口感更易入口，但不是所有苦艾酒都會產生乳化效果。

關於苦艾酒

前文介紹佩諾茴香酒時提及它的前身其實是苦艾酒（Absinthe），後來因為苦艾酒被禁才轉而生產成份合法的茴香酒，那……苦艾酒為什麼會被禁？一禁還禁了快一百年，到底有沒有那麼恐怖？

苦艾酒又被稱為la fée verte，是法語「綠仙子」之意，坊間有不少關於苦艾酒的傳說，其中一項就是「致幻效果」──喝完後會看到綠色的仙子在身旁飛來飛去，電影紅磨坊（Moulin Rouge）中由凱莉·米洛（Kylie Minogue）飾演的角色Green Fairy就是在描述這種現象。

當苦艾酒在本世紀初恢復合法販售，各種傳說與鄉野奇談讓許多人躍躍欲試，但根據我的經驗，台灣人十個有九個喝到這種酒會震驚＋震怒：「這到底是三小WTF！」

「**喝苦艾酒，真的會看到綠仙子嗎？真的會有幻覺嗎？**」如是我聞（甩袈裟），喝一兩杯是看不到的，但女伴會變的比較正，照鏡子時你會無法分辨自己與金城武的差別。喝半瓶呢？會看到馬桶，然後隔天在奇怪的地方醒來。一次尻完整瓶呢？應該是大小便失禁吧……

由左至右依序是勒薩多、拉斐、湧泉之屋、梵谷與綠仙子苦艾酒。

別再相信沒有根據的說法了，喝苦艾酒不會有幻覺！想看綠仙子可能要嗑效果更猛一點的東西（誤），苦艾酒最早只是用於治病的一種藥酒，後來爲什麼會招莖，要從法國大革命開始說起……

革命期間，皮耶·奧迪奈爾（Pierre Ordinaire）醫師被迫出逃，定居在瑞士的古維（Couvet），他用當地的苦蒿與各種藥材DIY獨門藥酒幫人治病，因爲他覺得用一般蒸餾酒當基底不夠力，所以改用蒸餾很多次的烈酒萃取藥材精華，於是這瓶濃縮濃縮再濃縮、提煉提煉再提煉，不研究傷不傷身體，先講究效果再說的無敵藥酒就誕生力……還好當時沒有食藥署，不然皮耶醫師應該會被關到生蟲母。

另一個說法認爲，早在皮耶醫師到達瑞士前，當地有一對恩里奧（Henriod）姊妹已經釀製這種酒好一段時間，皮耶醫師可能只是來~~割稻尾~~當顧問的概念。總之無論苦艾酒的實際發明者是誰，它的配方最後都被法國商人杜比耶買下了。

1830年，法國入侵阿爾及利亞，踏上北非大陸的法軍遇到比敵軍更恐怖的威脅——瘧疾，軍醫偶然發現苦蒿對於預防瘧疾與飲水殺菌有極大幫助，不但可以內服還可以外用驅蚊，簡直是法蘭西的廣東苜藥粉，於是他們將苦蒿製成稠漿狀，配發給軍隊當補給品：**苦艾湯（Absinthe Soup）**←光是聽到名字就一個不想喝。

這個苦艾湯的味道實在是太靠杯，阿兵哥只好摻酒飲落去，不過這樣還是潮難喝，又發展出加糖的喝法~~反正軍人吃的東西不是食物大家都知道嘛~~。戰後歸鄉的阿兵哥把這種野戰飲料帶回巴黎（兵當不完嗎），在咖啡廳、小酒館與各種聲色場所推廣，沒想到居然掀起了一股綠色旋風！

苦艾酒的味道很能刺激食慾，法國人大多把它當成餐前開胃酒喝，而且開一次不夠你還可以開兩次，根本是醉漢假開胃之名行酗酒之實的好朋友。1860年代的巴黎，下午五點稱爲L'Heure Verte，意思是綠色時刻（The Green Hour），在這個Moment整個巴黎就是我的綠世界（桂綸鎂語氣），當時如果有IG的話，下午五點開手機一定會被苦艾酒洗版。

一開始飲用苦艾酒的族群以工人、資產階級與藝術家爲主，太窮的人喝不起、有錢人不屑喝。沒想到幾年後歐洲爆發葡萄根瘤蚜疫情，各大酒莊的葡萄園被摧毀殆盡，白蘭地與葡萄酒商面臨沒有原料可生產的窘境，此時不需仰賴葡萄製作的苦艾酒，一個仰天長嘯：終～於～輪～到～我～啦～

連續式蒸餾器的導入加上酒類製作技術的進步，讓原本就喜好此道的法國投入大量資源研發苦艾酒，不只讓苦艾酒價格大幅下降，也開始出現許多高品質、高單價的頂級品項，飲用苦艾酒就這樣變成全民運動，有錢人願意喝、更多的窮人喝得起，但法國人萬～萬～沒有想到，這一切，居然是苦艾酒邁向毀滅之路的前奏曲！（進玫瑰瞳鈴眼配樂）

苦艾酒很快就呈現供不應求的狀態，不肖商人開始將大量粗製濫造的苦艾酒流入市場，這些苦艾酒有的是根本沒有苦蒿，或是根本沒有經過蒸餾，但最糟的是加了其他不該加的東西，它們可能是為了著色（因為要綠綠der）或調整口味，但這些化學藥劑與有毒物質卻嚴重傷害了飲用者的健康。

1970年代中期，有學者指出，苦艾酒中的苦蒿會產生一種名為側柏酮（Thujone）的成份，它的結構類似大麻最主要的活性物質——THC（四氫大麻酚），推測兩者在神經傳導的作用相當接近，可能是苦艾酒致幻的原因，白話一點說就是效果差不多啦！

不過這個理論早在1999年就被推翻了，**側柏酮在苦艾酒的含量非常非常低**，想靠苦艾酒喝到側柏酮中毒要喝掉一個游泳池的量，在那之前早就因為酒精中毒變屍體了，不過台灣還是很多酒商喜歡用大麻酒一詞推銷自家商品，請大家不要再誤用，總之苦艾酒與大麻，「一～點～兒～關～係～也～妹～有～」

苦艾酒會有致幻的說法，據推測應該是當時劣質苦艾酒製作時的添加物所致（這個我們台灣人應該略懂略懂），此外，製程草率的蒸餾酒液會有極高的甲醇殘留，而甲醇中毒的症狀就包括視神經損害與幻覺，換句話說會看到綠仙子，應該是吸了太多化學藥劑合併甲醇中毒。（宣佈破案）

讓我們再跳回20世紀初……為什麼苦艾酒會變成禁酒？有一種說法認為葡萄酒商在商場上發現難以與苦艾酒競爭，於是轉往輿論方向詆毀苦艾酒，畢竟葡萄酒是天然發酵製作的，苦艾酒則是後製「加料」的產品，將苦艾酒與疾病、失業、家暴、貧窮、犯罪、精神錯亂等負面形象連結相對容易（其實不管什麼酒只要喝多都會產生類似結果，想想PART5-03琴酒狂潮）。此外，當時剛好是世界各國進行不同形式禁酒令的前夕，有著禁慾思想的反酒聲勢相當高漲，最受歡迎的苦艾酒首當其衝，不妖魔化你妖魔誰？

瓦倫丁‧麥格蘭

當時打擊苦艾酒最猛烈的是一位法國精神科醫師──瓦倫丁‧麥格蘭（Valentin Magnan），他認為法國會如此墮落就是因為酒，尤其是萬惡的苦艾酒，他在實驗中餵狗吃苦蒿油，發現狗吃完就跟看丟鬼一樣不停吠叫，嚴重的還會抽搐至死，除了動物實驗，他也透過訪談酗酒者的經驗，做出苦艾酒會導致幻覺的結論。

不過麥格蘭給狗吃的是濃縮濃縮再濃縮、提煉提煉再提煉的苦蒿油，不是苦艾酒那幾乎讓人忘了它的存在的微量側柏酮，吸古柯鹼跟喝可樂會一樣 High 嗎？喝冰火（3.5％）跟尻生命之水伏特加（96％）效果一定有差的對吧？不過這個風向正確的實驗，大大加深了民眾對苦艾酒的負面印象。

壓垮苦艾酒的最後一根稻草，是極為悲劇的社會案件──**苦艾酒謀殺案（The Absinthe Murders）**。1905 年 8 月 28 日，瑞士有一位名為尚‧蘭弗雷（Jean Lanfray）的農夫下班回家，喝了兩盎司苦艾酒後發現太太怎麼沒有幫他擦鞋，兩人因此起了口角，暴怒的蘭弗雷用來福槍先把太太爆頭，再射殺衝進來的四歲女兒，最後還追殺年僅一歲半的女兒。行兇後的蘭弗雷試圖自殺，因為槍柄過長沒辦法飲彈，他只好拉繩子綁著板機開槍，可能是喝瞎射不準，子彈沒有穿過腦袋，只射傷下巴他就倒下了。

當時社會氛圍瀰漫著對苦艾酒的恐懼，這件謀殺案更讓全歐洲都震驚了，事後的調查還發現蘭弗雷的妻子已經懷有身孕，三屍四命的衝擊讓瑞士人對苦艾酒的反感漲到最高點（雖然苦艾酒的誕生地就是瑞士），心理學家作證認為蘭弗雷是典型的『苦艾酒瘋狂』（Absinthe Madness），媒體也就此大做文章，將這件事定調為因苦艾酒導致的謀殺案。

事實上，蘭弗雷在行兇之前早已喝了好幾杯的葡萄酒、白蘭地、摻酒的咖啡還有薄荷酒，最後補刀的兩杯苦艾酒相較於之前的酒精攝取量實在是微不足道，要將他的罪行歸咎於苦艾酒，不如說是嚴重酒醉導致的情緒失控。

事件發生後，八萬多人連署要求禁止苦艾酒，次年5月15日，瑞士的佛德州（Vaud）立法通過將苦艾酒列為禁酒，接下來幾年歐洲大部分國家都立法禁止苦艾酒，就連遠在大西洋彼端的美國，也在1912年禁了苦艾酒。

但是，沒有什麼事情阻止得了醉漢，你懂的。苦艾酒真的從地球上消失了嗎？不～可～能～本來就沒什麼人在喝苦艾酒的英國，因為根本沒生產也很少進口，連禁都懶得禁力，成為少數可以合法流通苦艾酒的歐洲國家之一。

商人的反應也很快，苦艾酒三大原料、俗稱「聖三一」的**苦蒿、茴香與茴芹**，既然苦蒿中槍，那我不要放苦蒿就可以賣啦～各式各樣的茴香酒就這樣誕生，但是裡面有沒有放「內個東西」，誰～知～道～呢？時至今日，法國飲用茴香酒的風氣仍相當盛行，畢竟這滋味如此美妙，少了一味好像也還好捏～

21世紀初，有學者將苦艾酒被禁之前的古董酒進行檢驗，發現裡面根本沒有什麼有毒物質，有些甚至連側柏酮也驗不出來！這才發現錯怪了綠仙子，讓這位醉漢女神坐了近一世紀的冤獄，世界各國就開始陸續將苦艾酒解禁了。

如今，苦艾酒已不再是禁酒，綠仙子的神秘面紗也被揭開，如果你是個能夠接受超高酒精濃度、超甜口感與超重藥草味的重型醉漢，不要猶豫，今晚就帶瓶綠仙子回家溫存溫存，展開一段波西米亞式的奇幻旅程吧！

由亞伯特‧甘特納（Albert Gantner）繪製的諷刺畫，是反對苦艾酒被禁的代表作品，圖中象徵禁慾者的牧師手指 1910 年 10 月 7 日，是瑞士全境禁止製造與販售苦艾酒的日子。

Sazerac

賽澤瑞克

雞尾酒的古典定義是酒、糖、苦、水，但⋯⋯

Cocktail 一詞是怎麼來的呢？關於 Cocktail 的詞源有很多說法，

其中一種認為它源自美國歷史上第一杯有名字的雞尾酒——賽澤瑞克。

INGREDIENTS

· 60ml 裸麥威士忌
· 2dash 裴喬氏苦精
· 一顆 方糖
· 適量 苦艾酒
· 適量 水

TASTE ANALYSIS

藥草	甜

STEP BY STEP

1　取一冰鎮的古典杯，以苦艾酒進行涮杯。

2　取另一古典杯放入方糖、抖灑苦精於其上。

3　倒入少量水（約30ml），搗碎方糖攪拌均勻。

4　倒入冰塊與威士忌，攪拌均勻後濾冰倒入第一個古典杯。

5　噴附檸檬（或柳橙）皮油、投入皮捲作為裝飾。

高酒精度

古典杯／先冰杯

攪拌法

　　賽澤瑞克是第一杯有名字的雞尾酒，那Sazerac這個名字又是怎麼來的呢？Sazerac最早其實是一款干邑白蘭地的品牌名稱，1850年代，史威爾・泰勒（Sewell Taylor）賣掉他位於紐奧良的酒吧轉行做進口生意，引進賽澤瑞克干邑白蘭地到美國。接手泰勒酒吧的經營者──亞倫・伯德（Aaron Bird）則是將店名改成賽澤瑞克咖啡屋（Sazerac Coffee House），在店裡供應以賽澤瑞克干邑白蘭地為基酒的賽澤瑞克雞尾酒（繞口令嗎？）

　　記得PART4-07提到的法裔藥劑師──安東尼・裴喬嗎？他阿爸原本住在聖多明哥（現今的海地，原為法屬殖民地），海地獨立革命時舉家變難民逃往美國，安東尼落地生根在紐奧良的法國區開了一間裴喬藥局（Pharmacie Peychaud），這間藥局可說是醉漢救星，一夜狂歡後宿醉的醉漢都知道，這種症頭一定Ipad ~~溫開水~~ 裴喬氏苦精，15分鐘，症狀Out！（食指比門口）

　　有一說認為，裴喬就是賽澤瑞克的創作者，他發現自家的苦精與干邑白蘭地味道超神搭，再加點糖冰冰喝效果快、恢復體力也快，可以治病也可以純粹喝爽ㄉ，於是他用了泰勒進口的干邑白蘭地，然後在伯德經營的咖啡店進行推廣，並以一種名為Coquetier的杯具裝盛賽澤瑞克。

　　Coquetier杯腳短短的，杯身像一個剖半的空心圓球（很像拜拜用的紅色小杯、用來敬神明那種），它原本是用來放雞蛋的小餐具。當賽澤瑞克開始流行，美國人覺得用這種新奇的杯具喝酒相當有（ㄐㄧㄚˇ）趣（ㄅㄞ），但他們又唸不出Coquetier正確的法文發音──扣～客～堤～耶～（翹小指），唸著唸著就變成Cocktail了。

　　用來裝短飲雞尾酒的酒杯，原型都很類似Coquetier（高腳、寬口、小容量），因此有人認為Cocktail一詞源自飲用賽澤瑞克的杯具，不過身為調酒界的柯南（登愣登音效），你有發現哪裡修誇怪怪嗎？賽澤瑞克誕生於1850年代，但Cocktail的定義早在1806年就已經出現在文獻中！Cocktail是由Coquetier的諧音變化而來這種說法相當令人存疑。

　　賽澤瑞克咖啡館幾經轉手，1869年由原本店裡的會計──托馬斯‧漢迪（Thomas Handy）接手經營，同年他還開了一間賽澤瑞克公司（Sazerac Company）經營酒類買賣。1873年，裴喬家經濟發生困難，漢迪買下裴喬氏苦精的經營權，賽澤瑞克從商標、店名、苦精、干邑都是我的人怎麼跟我鬥（強雄語氣），完全壟斷這杯紐奧良最受歡迎的飲料。

Coquetier杯

不過當時正逢歐洲爆發葡萄根瘤蚜疫情，白蘭地價格不斷飆升，甚至造成法國賽澤瑞克干邑白蘭地酒廠倒閉，眼看賽澤瑞克就快要變成一杯公道價八萬一的雞尾酒，漢迪於是將基酒換成便宜又容易取得的美國裸麥威士忌，這一換就回不去了，賽澤瑞克的基酒變成裸麥威士忌，流傳至今。

1870年代，任職於皮納餐廳（Pina's Restaurant）的調酒師——里昂·拉莫特（Leon Lamothe）發現，苦艾酒是完美賽澤瑞克的最後一塊拼圖，調酒師們所見略同，就這樣成為經典的賽澤瑞克酒譜⋯⋯若不是拉莫特這神來一滴，賽澤瑞克很有可能會被歸類為Brandy Cocktail的一個變體而已。

到了1890年，賽澤瑞克公司研發出新產品——在店裡喝太慢了，不如把賽澤瑞克調好裝瓶，一瓶一瓶拿出去賣！有趣的是，賽澤瑞克從1850年代誕生後，近一甲子時間都沒有酒譜的文獻記載！據說漢迪臨終之際，把酒譜傳給了~~環遊世界偷酒譜的~~布思比（世界飲品調製指南的作者，詳見PART5-10）。

1908年，布思比的著作首度出現賽澤瑞克雞尾酒，只是他居然選另一位調酒師的酒譜，基酒是原始的賽澤瑞克白蘭地，苦精也不是用裴喬氏，而是一瓶名為澤爾納（Selner）的苦精，漢迪如果地下有知狀態一定會顯示為黑人問號（？？？），想知道漢迪的賽澤瑞克怎麼調，看來只能觀落陰力⋯⋯

四年之後，苦艾酒禁禁禁禁到連美國也禁了，這畫龍點睛的材料如果沒有，還能叫賽澤瑞克嗎？沒事兒～沒事兒～沒有什麼事可以阻擋醉漢，調酒師將苦艾酒換成各式茴香酒或藥草酒，繼續調製賽澤瑞克給人客。

COCKTAILS.   29

SAZERAC COCKTAIL.   63

A LA ARMAND REGNIER, NEW ORLEANS, LA.

Into a mixing-glass full of cracked ice place about a small barspoonful of gum syrup, three drops of Selner bitters and a jigger of Sazerac brandy; stir well, strain into a stem cocktail-glass which has been rinsed out with a dash of absinthe, squeeze a piece of lemon peel over the top and serve with ice water on the side.

布思比著作中的賽澤瑞克酒譜

第一次世界大戰期間，馬里昂‧勒讓得（Marion Legendre）在法國服役時習得苦艾酒的製作技術（Level Up！）雖然戰爭結束後他一到美國就遇到禁酒令，但他一個懸瓶濟世，在禁酒令期間持續兜售效果「神奇」的液體藥水給客人「治病」，讓這項「傳統技藝」沒有因禁酒令而失傳。

1934年，也是美國禁酒令結束翌年，他隨即推出一款名爲Legendre Absinthe的茴香酒上市，雖然成份中並沒有苦蒿（苦艾酒就是因爲含有苦蒿被禁的），但Absinthe這個詞實在太敏感⋯⋯當然不准上市！

因爲苦艾酒並沒有隨著禁酒令結束而解禁，於是馬先生玩了一個文字遊戲──將酒名改爲Herbsaint，意思是法文的 **Herbe Saint**（草～聖～請用箝神語氣唸），這聖草指的是製作苦艾酒的「聖三一草」⋯⋯如果把 **Herbsaint** 的字母打亂重組，就能排出Absinthe啊（R）！

草聖的廣告詞也很嗆──"Drink Herbsaint Wherever Absinthe Is Called For."（想厂內個的時候，喝草聖就對了）。這瓶酒也成爲紐奧良調酒師最常用來調賽澤瑞克的苦艾⋯⋯啊不是，是茴香酒啦！1949年，賽澤瑞克公司將草聖的經營權買下，宣稱草聖是賽澤瑞克雞尾酒官方指定材料還註冊商標。

草聖茴香酒
重組Herbsaint的字母就能拼出
苦艾酒Absinthe。

同年，羅斯福酒店的總經理西蒙・魏斯（Seymour Weiss）從賽澤瑞克公司手中買下賽澤瑞克酒吧的招牌，在酒店附近重新開張。當時酒吧普遍不太歡迎女性進入，魏斯反其道而行主打「女性友善酒吧」，開幕時找來許多水水漂漂的百貨公司櫃姐來站台，這項創舉讓女醉漢們都驚呆ㄌ，酒吧湧入大量女客生意好的不得鳥（如圖真的只有一隻鳥），史稱「賽澤瑞克風暴」（Storming the Sazerac）。

　　1959年，賽澤瑞克酒吧歇業，招牌被羅斯福酒店買下，並將原本的飯店酒吧改掛賽澤瑞克酒吧的招牌營業至今，如果有去紐奧良旅（ㄇㄞˇ）遊（ㄗㄨㄟˋ），去老苦艾酒之屋喝完苦艾酒芙萊蓓，第二站就是來這裡喝賽澤瑞克啦！

　　又過了半世紀，賽澤瑞克公司推出名為Sazerac的裸麥威士忌，在本世紀初再度成為賽澤瑞克雞尾酒的魔鬼隊。2008年6月，賽澤瑞克經立法機關通過，成為紐奧良官方指定雞尾酒，歷經一個半世紀的波折，終於踏上經典雞尾酒殿堂的頂峰。

賽澤瑞克風暴

涮杯

　　酒譜中用量極少的材料，通常會以特殊的計量單位表示，像是前文介紹過的 **tsp**（一吧匙，約5ml）與 **dash**（一抖振，近1ml），本酒譜提到的則是另一種特殊的計量單位——涮杯（Rinse）。涮杯是將少量的酒液倒入杯中、讓酒液沿著杯子內側的杯壁滑過一圈的作法，它能讓杯子附著該材料的味道，又不會因為用量太多影響成品的整體性。

❶ 杯中倒入少許苦艾酒，約半tsp的用量。
❷ 微傾酒杯、旋轉杯身讓酒液滑過全部的內壁。
❸ 滑過後如果杯中還有殘存酒液，直接倒掉。

　　涮杯對雞尾酒的味道有什麼影響？以賽澤瑞克為例，如果將苦艾酒倒進調酒杯一起攪拌，干邑、苦精與苦艾酒會整合成一個味道，但改用涮杯，一部分的苦艾酒會附著於沒有浸到酒液的內壁，飲用時苦艾酒香氣會源源不絕散發。如果想喝一杯很DRY、香艾酒比例超低的馬丁尼，有些調酒師會直接以香艾酒涮過馬丁尼杯，然後倒入攪拌過的冰琴酒（或直接倒入冷凍琴酒），這種作法會讓口感相當濃烈，香艾酒的香氣只是陪襯。除了涮杯，還有一種作法是涮冰塊：調酒杯放入冰塊，只倒入香艾酒攪拌，接著濾冰，將香艾酒倒進SHOT杯，這時調酒杯與冰塊會附著少量的香艾酒，再倒入琴酒攪拌，完成調製。

　　涮過冰塊的香艾酒不要浪費，與調製完成的馬丁尼一起上桌吧！

Ramos Gin Fizz

拉莫斯琴費士

有一杯調酒，要搖盪12分鐘。在酒吧點完這杯酒，
Bartender很有可能轉身就是一個白眼，為了那堅硬持久的泡沫，
19世紀末誕生了一杯幾乎是整調酒師專用的雞尾酒，
現在就讓我們拿起碼表，計時開始！

INGREDIENTS

· 60ml 琴酒
· 30ml 鮮奶油
· 15ml 檸檬汁
· 15ml 萊姆汁
· 30ml 純糖漿
· 3 ～ 4 drop 橙花水（註）
· 1顆 蛋白
· 適量 蘇打水

STEP BY STEP

1　將蘇打水以外的材料倒進雪克杯，加滿冰塊
　　後搖盪均勻。

2　濾冰將酒液倒入可林杯中，補滿蘇打水。

3　以柳橙皮捲放在頂端作為裝飾。

TASTE ANALYSIS

酸甜	氣泡	藥草

中低酒精度

可林杯

搖盪法

※Drop 是指目測滴出一滴液體的量。橙花水是不易取得且風味強烈的材料，不小心加太多，成品的味道會非常悲劇，如果沒有滴管，建議以食指壓住短吸管一孔，另一端插入瓶內吸附橙花水再滴入雪克杯。

　　費士（Fizz）是一種經典的調飲法，它以酸味調酒為基礎（酒＋糖＋水），最後再補上一點點蘇打水（或氣泡酒），因為蘇打水會發出滋（士）～滋（士）～的氣泡聲響而得名，它最早出現於托馬斯的著作（1887年增訂版），19 世紀末 20 世紀初在美國相當受到歡迎……冰冰涼涼酸酸甜甜還有氣泡口感，誰能不愛呢？

　　以琴酒調製的 Fizz 叫琴費士（Gin Fizz），拉莫斯琴費士難道是以莫斯拉調製嗎？（老師精靈詠唱請下謝謝）其實拉莫斯琴費士是琴費士的一種變體，由亨利・拉莫斯（Henry C. Ramos）創作於 1880 年代。

　　1887 年，拉莫斯與兄弟合夥在紐奧良法國區經營皇閣酒館（Imperial Cabinet Saloon），他獨特的飲酒哲學與對調酒的堅持，讓皇閣成為形象良好、健康清新的紳士酒吧。

亨利‧拉莫斯

　　拉莫斯是個U質的酒品守門員，雖然他賣酒、店又開在美國最荒淫逸樂的紐奧良，但他其實很不喜歡客人喝酒喝到醉，如果在他店裡大聲喧嘩、疑似喝瞎或意圖鬧事，他會毫不留情的停止供酒，據說他與店裡的調酒師有著類似棒球投捕的手勢暗號，只要是被盯上的醉漢，如果再點酒都會自動被調酒師無視。

　　在那個喝酒還不用加警語的年代，拉莫斯已經開始提倡理性飲酒一整個超前衛，他的酒吧平日晚上八點就關門不再收客，因為他認為晚上是家人相聚的時間，更扯的是……禮拜天只開兩個小時：午餐前一小時、晚餐前一小時（醉漢翻桌）。

　　而且拉莫斯不只在店內當門將，還會監控客人在外飲酒的酒品，如果某位客人常常喝瞎被他知道，他也會曉以大義……如果還想到我店裡喝酒，請改善自己的酒品再說！沒有人可以在拉莫斯的酒吧喝醉，因為一個不清醒的醉漢，沒有辦法欣賞我作品的美味（咳精OUT手勢）。

　　拉莫斯就在皇閣推廣他獨門的Gin fizz，最早它被稱為紐奧良費士（The New Orleans Fizz），在當地廣受好評成為潮飲，相較於一般Fizz調酒，它最特別的是頂端堅硬持久、超出杯口也不會流出來的泡沫。硬到上面放果雕也不會沉，這軟茄變天柱的泡沫……難不成裡面是放了大鵰酒嗎？

提到Fizz雞尾酒如果沒有特別註明基酒，通常都是以琴酒為基底做變化，例如金費士（Golden Fizz）指的是加入蛋黃調製的Gin Fizz，如果加入蛋白就成了銀費士（Silver Fizz），這時候鄉民一定會問啦，你想喝的酒……是金費士，還是銀費士呢？（湖中女神語氣）不要再爛梗ㄌ，蛋白蛋黃一起加，就是皇家費士（Royal Fizz）啦！

只要材料中有蛋白，經過劇烈地搖盪都會產生綿密的泡沫，但拉莫斯要的不只是綿密，還要硬到突破天際（雙押），為了達到這個標準，他決定這杯酒要搖……十！二！分！鐘！

先不管正常人類能不能持續搖十二分鐘，手握結霜的雪克杯只要十二秒就讓人痛不欲生了，一個人搖十二分鐘可能會搖到人生走馬燈全面啟動，於是拉莫斯僱了二十位調酒師，以少林寺十八銅人的概念（取折凳）、人龍接力搖這杯酒，因為那畫面相當有趣，這群調酒師就被稱為**振動男孩（Shaker Boys）**。~~名字怎麼聽起來像情趣用品如果是我我覺得命名為撒隆巴斯男孩比較有梗~~

1907年，拉莫斯靠著賣這杯~~斷臂酒~~琴費士，開了一間自己的酒吧──雄鹿（The Stag←這詞還有男性限定聚會之意），即使僱用再多調酒師，這杯酒在店內永遠供不應求。1915年紐奧良的Mardi Gras（齋戒前進行大吃豪飲的狂歡節日），酒吧裡甚至

震動男孩合影

出現三十五個BoyS（←S大寫強調很多個）接力搖雪克杯的盛況，真心覺得大家不是想喝，而是喜歡看調酒師很累。

1928年拉莫斯過世。1935年，羅斯福酒店從拉莫斯的兒子手中將這杯酒的所有權買下，正式以「拉莫斯琴費士」為名進行推廣。時任美國參議員、也是前路易斯安那州州長——休伊・龍（Huey P. Long）是這杯酒的頭號鐵粉，龍哥在酒吧手握拉莫斯琴費士與選民大談政見的英姿（明年我要幹掉羅斯福），至今仍被賽澤瑞克酒吧放在官網上宣傳。

龍哥有多Fan這杯酒呢？他曾帶著一位名為山姆・加利諾（Sam Guarino）的調酒師從紐奧良到紐約客酒店（New Yorker Hotel）進行調製這杯酒的專業訓練（全體員工職業傷害GET！）從此以後不管是在紐奧良還是紐約，他都能喝到拉莫斯琴費士啦～（雙手比YA）

另一個鄉野奇談更誇張，龍哥為了能從位於巴頓魯治的州長辦公室咻的一下就到紐奧良，在州長任內修建了航空公路（Airline Highway，連結紐奧良機場與巴頓魯治機場的高速公路），進行一個「假鋪路，真喝酒」的動作，感恩龍哥！讚嘆龍哥！（眾醉漢膜拜）。

最後進行一個倒敘法的動作，1919年10月28日，搭配美國憲法第十八修正案（俗稱禁酒令）通過的沃爾斯泰德法（Volstead Act）頒布，27日午夜鐘聲響起時，拉莫斯告訴大家：「我賣掉了我最後一杯琴費士。」（嗚嗚這畫面好感人），幾年後他接受紐奧良事件論壇（New Orleans Item-Tribune）專訪，將密藏酒譜公諸於世，他對記者這麼說：

「現在，我要告訴你拉莫斯琴費士，沒有之一的酒譜，但是你發表時一定要告訴大家：『如果第一次調失敗，一定要調第二次。』確保你用的雪克杯Pretty Tight，然後一直搖、一直搖、一直搖，直到搖出那滑似絲、白若雪、硬如鋼的奶柱。成功ㄉ秘訣是專心與耐心，還有一定要用U質的材料調這杯酒。」

雖然拉莫斯本人沒能等到禁酒令結束就已成仙，但這杯紐奧良最偉大的國寶級雞尾酒永遠不會被世人遺忘，因為它不只是琴費士，它是拉莫斯琴費士。

拉莫斯琴費士的調製

　　我真的好想好想喝一杯拉莫斯琴費士，可是我邊緣人找不到朋友幫搖，在酒吧點這杯又怕被Bartender白眼，自己一個人（鼻酸）……有沒有什麼辦法可以提高調製這杯酒的成功率呢？

　　其實只要善用一些工具與技巧，不用真的搖十二分鐘啦，而且一個人也能輕鬆完成唷！（拍肩燦笑）請參考以下步驟，如果第一次失敗，你一定要調第二次（拉莫斯語氣）。

❶ 想要有堅硬厚實的泡沫，除了狂搖，還有一個關鍵是「溫度」，調製前先將琴酒與杯子先冷凍、其他材料冷藏。

❷ 將蘇打水以外的材料倒入雪克杯，以電動攪拌器（奶泡器）攪拌2～3分鐘，再將整組雪克杯放進冷凍庫冷凍；如果沒有攪拌器，用果汁機打效果更佳。

❸ 冷凍約半小時後將雪克杯取出，不加冰塊直接搖盪（※），這個階段就看個人能搖多久就搖多久，如果覺得太冰可以戴手套搖。

❹ 取出已冰鎮完成的杯子，倒入少量冰鎮過的蘇打水（約30ml），將搖盪完成的酒液直接倒入杯中，不要使用隔冰匙或是雪克杯中蓋。

❺ 補一些蘇打水讓泡沫「長高」，挑戰極限不要漫～出～來～惹～最後放上柳橙皮捲，如果撐住沒有沉下去就代表成功囉～（阿母哇出運啊啦！）

※搖盪時雪克杯中不加冰塊的技法稱為Dry Shake，它常用於材料中含有雞蛋與鮮奶油的雞尾酒，透過Dry Shake能讓成品的表面覆蓋綿密的泡沫。

米絲阿樂局調酒專賣

調酒需要的

酒 工 具
杯 具
副 材 料

提供調酒的

體 驗
教 學
品 酒 會

作者│癮型人
主編│張淳盈
攝影│王嘉信
插畫│詹筱帆
社長│張淑貞
總編輯│許貝羚
行銷企劃│曾于珊

發行人│何飛鵬
事業群總經理│李淑霞
出版│城邦文化事業股份有限公司　麥浩斯出版
地址│104台北市民生東路二段141號8樓
電話│02-2500-7578
傳真│02-2500-1915
購書專線│0800-020-299

發行│英屬蓋曼群島商家庭傳媒股份有限公司城邦分公司
地址│104台北市民生東路二段141號2樓
電話│02-2500-0888
讀者服務電話│0800-020-299（9:30AM~12:00PM；01:30PM~05:00PM）
讀者服務傳真│02-2517-0999
讀這服務信箱│csc@cite.com.tw
劃撥帳號│19833516
戶名│英屬蓋曼群島商家庭傳媒股份有限公司城邦分公司
香港發行│城邦〈香港〉出版集團有限公司
地址│香港灣仔駱克道193號東超商業中心1樓
電話│852-2508-6231
傳真│852-2578-9337
Email│hkcite@biznetvigator.com
馬新發行│城邦〈馬新〉出版集團Cite(M) Sdn Bhd
地址│41, Jalan Radin Anum, Bandar Baru Sri Petaling,57000 Kuala Lumpur, Malaysia.
電話│603-9057-8822
傳真│603-9057-6622

製版印刷│凱林彩印股份有限公司
總經銷│聯合發行股份有限公司
地址│新北市新店區寶橋路235巷6弄6號2樓
電話│02-2917-8022
傳真│02-2915-6275
版次│初版16刷 2022年 7月
定價│新台幣520元／港幣173元
Printed in Taiwan 著作權所有 翻印必究
（缺頁或破損請寄回更換）

癮型人的
調酒世界

The Recipe & History of
Classic Cocktail

國家圖書館出版品預行編目(CIP)資料

癮型人的調酒世界 / 癮型人著. -- 初版.
-- 臺北市：麥浩斯出版：家庭傳媒城邦分
公司發行, 2018.03　面；　公分
ISBN 978-986-408-341-1(平裝)

1.調酒

427.43　　　　　　　　　　　　106022499